2Dグラフィックス
のしくみ

図解でよくわかる
画像処理技術のセオリー

FireAlpaca
（ファイアアルパカ）
開発チーム［著］

技術評論社

本書記載の内容に基づく運用結果について、著者、ソフトウェアの開発元/提供元、株式会社技術評論社は一切の責任を負いかねますので、あらかじめご了承ください。

本書に登場する会社名、製品名は一般に各社の登録商標または商標です。本文中では、™、©、®マークなどは表示しておりません。

本書について

　本書は、2D グラフィックス、すなわち 2DCG（デジタル画像）がコンピュータ上でどのように生み出されているのかを解説したものです。

　イラストを描くのが趣味の方は、いわゆる「メイキング本」という、CG イラストをどのように描くのかというノウハウを紹介した本が多く出版されていることをご存知でしょう。同じ 2DCG の解説書とは言っても、本書はそれらとは大きく異なります。一般的なメイキング本では触れられないような「そもそも、そのような処理がコンピュータの中でどう実現されるのか？」を詳細に説明しています。

　「そのような細かいしくみを知ることが、絵を描くのに何の役に立つのか？」と、疑問に思う方は多いと思います。確かに、技術者ほど素晴らしい絵を描けるだなんて、聞いたことはありません。

　「デジタル処理の理論を知る」ということは、紙や筆/ペン先のような「画材の特性を知る」ということに近いかもしれません。裏でどのような計算が行われているか想像がつけば、デジタル処理特有の問題がなぜか起こるのかがわかります。処理に気を使い、コンピュータに無茶をさせなければ、作業の安定性も格段にアップします。

　仮に今は趣味で描いているイラストや漫画だとしても、続けていけば、いつかプロとして仕事の依頼を受ける日が来るかもしれません。そんな時に、正しいデジタル画像の知識があれば、クライアントの要求を正しく理解し、高品質なデータを渡すことができるはずです。

　イラストレーターや漫画家でなくとも、コンピュータを扱っていればデジタル画像の扱いは避けて通れません。解像度？ PNG と JPEG の違い？ カラーマネジメント？ レイヤー？ 専門家でなくても、これくらいの知識は、いつ要求されるかわかりません。

　プログラマなら、なおさらです。ゲームやアプリの開発、Web サイトの構築など、今どきの製品やサービスを画像なしに生み出すことはできません。デザイナーの作成した画像のポテンシャルを引き出すには、それなりのデジタル画像の知識が必要です。

本書には、画像を扱うプロフェッショナルとして必要とされる、多くの知識が詰まっています。本書を読み通すことができれば、どんな場所でも通用する技術知識が身につくはずです。もちろん、この厚さの本で2DCGのすべてを網羅することはできません。しかし、本書を手がかりに、自力で問題を乗り越えられるようになるはずです。

本書原稿のレビューをして頂いた皆さんには、致命的なミスをいくつもご指摘頂きました。皆さんの協力なしには本書は完成しなかったはずです。本当にありがとうございました。もしも本書に不備があったとしても、不備を見逃した、もしくはレビューの指摘を反映しなかった著者の責任です。

- 荻野 友隆さん(www.tacoworks.jp)
- 内村 創さん(@nikq　github.com/nikq)
- Kazuma Arinoさん(@karino2012)

それでは、2Dグラフィックスの世界へようこそ！皆さんがデジタル画像をピクセル単位で気にしてしまうくらい関心を持ってもらえるように、頑張って解説していきます。

2015年7月　FireAlpaca開発チーム

本書の構成

　本書は、2Dグラフィックスのしくみ、画像処理の原理について詳しく知りたい方向けの技術解説書です。デジタルイラストが趣味の方から、グラフィックス処理に興味のあるプログラマの方まで、広く楽しみながら読み進められるように豊富な図解を盛り込み、予備知識をほとんど必要としない平易な解説が特徴です。本書の構成は以下のとおりです。

第0章
画像処理の技術を学ぶことについて ── 道具を知る

　まず、画像処理の知識をつけることにより得られるメリットについて解説します。コンピュータ上で、画像がどのように処理されているのか、少しでも想像ができるようになることで、画質の向上、作業環境の安定性向上に繋げることができます。

第1章
基本のしくみ ── コンピュータで絵を描くために

　デジタル画像は「メモリ上の数値データ」に過ぎません。プログラム（画像処理のソフトウェアなど）が、どのようにメモリを画像として扱っているのか、ハードウェアによって画像処理にどのような影響があるのかを解説します。また、簡単なプログラミング言語の解説も行っています。

第2章
図形描画 ── ピクセル徹底攻略

　すべての基本となる「画像に点（ピクセル）を打つ」「画像から点を取得する」操作。そして、矩形や円、多角形や曲線などの図形がどのように描かれているのか解説しています。

第3章
画像処理 ── 画質は良く、コンピュータの処理負荷は低く

　すでに存在する画像に対し、転送/変形/フィルタリング処理を行う方法について取り上げます。不透明度をきちんと計算することの重要性や、計算を減らし高速に処理を行う方法について考えていきます。

第4章
ペイントツールのしくみ ── 画像データをどう持つか、画像データをどう表示するか

　最後に、レイヤーやクリッピング処理、カラーマネジメントなどの、ペイントツール固有の技術について触れています。第2章や第3章よりは軽い内容で、読み物としても楽しめる章となっています。

本書で必要となる前提知識

本書では、前提として以下のような知識等を必要とします。

- パソコンの基本操作
- ペイントツールの基本操作
- スマートフォンなどのモバイル端末の操作

本書では、2Dグラフィックスのしくみを解説テーマとしているため、パソコンやペイントツールの基本操作については説明を行いません。また、本書記載のプログラムについて実際に動作確認等を行うためには、実行環境の準備等が別途必要になりますが、それらについては本書の範囲を超えるため別途参考書などを参照してください。

ただし、しくみの理解に必要となる「プログラミング」については、プログラミング経験のない方でも読み進められるように、1.11節「Hello, World! ——ここだけは知っておきたいC言語プログラミング」(p.50)を中心に基本事項も取り上げていますので、適宜ご参照ください。

基本用語の整理

補助資料として以下に、本書で使用する2Dグラフィックス、画像処理関連の基本用語をまとめました。いずれの用語も使用される場面や文脈などで種々の違いが出てくることがありますが、以下では本書内の解説を想定して説明を行いました。本書を読み進めるにあたって参考にしてください。

Adobe RGB　*Adobe RGB color space*
1998年にAdobe Systemsによって策定された色空間。

API　*Application Programming Interface*
OS（*Operating System*）やライブラリ（*Library*）の機能、またはそれを呼び出すための窓口。Windowsの機能を使うためのWindows API、ペンタブレット（*Pen tablet*）から筆圧を取得するWintab APIなどがある。

BMP形式　*Microsoft Windows Bitmap Image format*
Windowsの標準画像形式。今はとくに理由がなければ、使う必要はないだろう。

C言語
プログラミング言語の一つ。インターネットの時代になるまではプログラミング言語と言えばC言語だったが、重要性は少しずつ落ちている。OSやコンパイラを記述できるシステム記述言語。

C++
C言語にクラス（*Class*）やテンプレート（*Template*）を追加したプログラミング言語。本書執筆時点（2015年7月）で、最新の仕様はC++14（ISO/IEC 14882:2014）。

CIELAB
CIE（*International Commission on Illumination*、国際照明委員会）が策定したL, a, b色空間（*L*a*b* color space*、Lは明度、aとbは色味を表す）。

CMYK
印刷に必要な、シアン（*Cyan*）、マゼンダ（*Magenda*）、イエロー（*Yellow*）、ブラック（*Black*）を要素に持つピクセル形式。

CPU　*Central Processing Unit*
中央処理演算装置。CPU内のレジスタ（*Register*、記憶回路）や、メインメモリ（*Main memory*）上のデータを処理（計算）する。人間で言えば脳の役割。

double
小数も扱える数値（の変数を表す型）。

dpi　*dot per inch*
1 inch内に収まるピクセル（ドット）数。画像の物理的な解像度の指定に使われる単位。物理的な出力のない、印刷しないデータにdpi値を指定する必要はない。

G（ギガ）　*Giga*
メガ（*Mega*、1,000,000倍）の1,000倍。

GPU　*Graphics Processing Unit*
グラフィックス処理に特化した処理装置。ビデオメモリ上のデータを高速に処理する。最近はグラフィックス処理に特化せず、汎用的な処理をGPUで行うのがトレンド。

HDD　*Hard Disk Drive*
ハードディスクドライブ、ハードディスク、磁気ディスク。補助記憶装置の一種。

HDR　*High Dynamic Range*
ダイナミックレンジ（*Dynamic range*、信号の再現性を示す値、最小値と最大値の比率）が広いこと。HDR画像ならR、G、B（*Red/Green/Blue*）各8 bitではなく、各16 bitや、float（浮動小数点型）/doubleの値を扱える。

ICCプロファイル　*ICC profile*
RGB/CMYKなどのデバイス依存の色情報と、CIELABなどのデバイスに依存しない色情報を相互変換するための情報。

int
整数（の変数を表す型）。

JPEG形式　*Joint Photographic Experts Group format*
画像は劣化するが、大幅に圧縮を行う画像形式。サイズの大きな写真に利用される。

k（キロ）　*Kilo*
1,000倍。

M（メガ）　*Mega*
キロ（*Kilo*、1,000倍）の1,000倍。

On荷重
ペンタブレットが筆圧を感知するのに必要な最小な荷重。単位はg (*gram*、グラム)。

PackBits法
パックビッツ符号化。ランレングス法に加え、「どれだけデータが続かないか」という情報も加えることで、変化の多い情報でもデータサイズが大きくなりにくいように工夫した圧縮方式。圧縮効率はランレングス法より多少良い程度。

Photoshop
Adobe Systemsによる業界標準の画像編集ツール。昔は10万円程度のパッケージソフトだったが、2012年から月額課金のサブスクリプションモデルに移行 (2013年に完全移行)。

PNG形式 *Portable Network Graphics format*
劣化しないデータ圧縮を行う画像形式のスタンダード。圧縮率はさほど高くはないが、ポータビリティ (*Portability*、可搬性) が高い。背景を透過できる(透過PNG)。

PostScript
Adobe Systemsが1984年に発表したページ記述言語 (*Page Description Language*、PDL)。PostScript対応のプリンタは、ベクター命令(PostScript)を受け取り、ラスタライズ処理まで担当することで、コンピュータ側の負荷を下げると共に、高品質な表現が可能になった。

PSD形式
Adobe Photoshopの標準画像形式。レイヤーを扱えるのが特徴である。ただし、Photoshopでなく別のツールを使っているのなら、そのツールの専用形式を使うべきである。たとえばFireAlpacaを使っているのなら、とくに理由がないなら標準形式(拡張子MDP)で保存するべきである。

pt *Point*
ポイント。文字のサイズ指定に使われる、物理的なサイズを基準にした単位。1ptは1/72インチ。

sRGB
1996年にHewlett-PackardとMicrosoftが共同提案し、1999年にIEC (*International Electrotechnical Commission*) 61966-2-1として標準化された色空間。Adobe RGBより色再現域は狭い。

SSD *Solid State Drive*
ソリッドステートドライブ。補助記憶装置の一種。不揮発性のフラッシュメモリ (*Flash memory*) が用いられる。

SVG形式 *Scalable Vector Graphics formatd*
XML (*Extensible Markup Language*) をベースにしたベクター画像表現形式。ブラウザで表示することができる。

アクセス違反 *Access Violation*
プログラムがOSから確保していないメモリにアクセス(読み込み/書き込み)することで発生する例外(エラー)。

アルファ *Alpha*
不透明度や透明度。

アンチエイリアシング *Anti-aliasing*
ピクセルに中間色を配置し、ジャギを目立たにくくする手法。ピクセルの計算を、サブピクセル (*Subpixel*、ピクセルを細分化したもの) 単位で行い、画質を向上させる。

インデックスカラー *Indexed color*
ピクセルの値が、色そのものでなく、色番号を示す色形式。

オーバーレイ合成 *Overlay*
キャンバスの要素が暗い場合は乗算合成、明るい場合はスクリーン合成をするような合成モード。

ガウス分布(正規分布)
Gaussian distribution (Normal distribution)
釣鐘型の確率密度関数をした分布。詳しくはp.187を参照。

可逆圧縮 *Lossless compression*
データ列を圧縮する際、圧縮前と展開後のデータが一致する圧縮方式。たとえば、zipファイル、lzhファイルは可逆圧縮。

確率密度関数 *Probability density function*
確率のばらつきを視覚化した分布。積分した値は1。

加算/発光合成 *Add/Emission*
キャンバスとレイヤーの各要素を加算する合成方法。各要素の最大値は超えない(1.0や255など)。簡単に飽和するのでハレーション (*Halation*) が起こったようになり、光の演出に用いられる。多用すると安っぽくなることがあるので注意。

仮想メモリ(仮想記憶) *Virtual memory*
プログラムがメモリを操作する際、実際の物理的なメモリアドレスを指定するのではなく、仮想アドレス空間を指定して処理することで、CPUやOSが調停を行える(メモリの内容を物理メモリとHDD/SSD上に分散させる)ようになり、物理メモリ以上の領域をプログラムが扱えるようになる機構。

型 *Data type*
変数のタイプ。データ型。たとえば、int型、double型など。

カラーマネジメントシステム
Color Management System
異なるデバイスでも同じ色を再現できるようにするしくみ。

ガンマ値　*Gamma*
(ディスプレイにおける)入力信号と出力値の応答特性。

キャッシュメモリ　*Cache memory*
CPUにとって、メインメモリより近い場所にあるメモリ。データ処理は連続した領域が対象になることが多いので、メインメモリの一部をよりCPUに近いキャッシュメモリに同期することで高速化している。一般的にはサイズはkB(*KiloByte*、1,000byte)単位と小さい(とくにL1キャッシュ/*Level-1 cache*の場合)。

矩形　*Square wave*
長方形。「たんけい」ではなく「くけい」と読む。

クリッピング　*Clipping*
キャンバスへの合成時(表示時)、下のレイヤーの不透明度が変化しないように合成する方法。塗り分けのベースに使われる。

グレースケール　*Gray scale*
色(R、G、B)は扱わず、白〜灰色〜黒の濃淡のみを扱う色形式。

計算誤差　*Computational error*
計算による誤差。8 bit、16 bitなど計算精度が限られたデジタル処理特有の問題。

サンプリング　*Sampling*
(画像処理において)画像からピクセルを取り出すこと。

シードフィル(フラッドフィル)
Seed fill (Flood fill)
ペイントツールでの「バケツ塗りつぶし」の実装方法の一つ。

ジャギ　*Jaggy*
隣接するピクセルの色の変化が激しいことで、ピクセルが目立ってしまう現象。アンチエイリアシング処理である程度防ぐことができる。ジャギー。

自由変形　*Free transform*
画像の四隅を自由に移動させ、変形させることができる機能。

乗算合成　*Multiply*
キャンバスとレイヤーの各要素(R、G、B値など)を乗算する合成方法。スキャナ(*Scanner*)で取り込んだ線画に軽く彩色する際に便利。

スクリーン合成　*Screen*
乗算合成が、キャンバスとレイヤーの各要素が暗い方に引っ張られるとしたら、スクリーン合成は明るい方に引っ張られる合成。乗算の逆をイメージすると良い。加算/発光に似た効果だが、飽和はしないのでマイルドな表現になる。

スタイラス　*Stylus*
ペンタブレットや液晶タブレット用のペン。

ゼロ除算　*Division by zero*
数値を0(ゼロ)で除算すること。コンピュータではエラー(例外)が発生する。

線形補間　*Linear interpolation*
頂点間を直線(最短距離)で繋いでいく方法。

線数　*line per inch*
1 inchあたりのライン数。LPI。ちなみに、漫画で使われるトーン(*Tone*)の「60番」「50番」は、「60線」「50線」という意味。

チャンネル　*Channel*
画像の色成分を画像としたもの。ARGB形式なら、Aチャンネル(不透明度の画像)、Rチャンネル(赤成分の画像)、Gチャンネル(緑成分の画像)、Bチャンネル(青成分の画像)がある。

通常合成　*Normal*
キャンバスに対し、レイヤーの色で完全に覆うような合成方法。

ドット　*dot*
ピクセルのこと。

ドライバ　*Device driver*
デバイスドライバ。ハードウェア(ペンタブレット、プリンタなど)を使えるようにするためにOSに必要なソフトウェア。

ニアレストネイバー　*Nearest neighbor*
一番近いピクセルを利用する方法、その方法を用いて拡大縮小させる方法。ニアレストネイバー法。

バイキュービック補間　*Bicubic interpolation*
バイキュービックフィルタリング、バイキュービック法。16近傍のピクセルを使って、バイリニアフィルタリングよりも、より滑らかな表現を行う方法。バイリニアフィルタリングと違って、曲線的に値が補間できるので、よりシャープな表現が可能になる。

ハイダイナミックレンジ
→HDR参照

バイト　*Byte*
8 bitの情報量。256の状態を表現できる情報量。

バイリニアフィルタリング　*Bilinear filtering*
4近傍のピクセルを使って、ジャギの目立ちにくい滑らかな表現を行う方法。バイリニア法。

配列　*Array*
同じ型の変数を、何個も同時に宣言する方法。int a[3];ならば(3つの要素の配列)、a[0]、a[1]、a[2]の3つの変数が宣言される。

ハフマン符号化 *Huffman coding*
出現頻度の多い情報に短い符号を、出現頻度の少ない情報に長い符号を割り当てることで、全体的なデータサイズが小さくなるようにする符号化の一つ。

ピクセル *Pixel*
ドットのこと。(→1.4 節を参照)

ビット *Bit*
2 つの状態 (0 または 1) を表現できる情報量。

ビットマップ(方式) *Bitmap*
縦横に敷き詰めたピクセルで、図形や写真/イラストを表現する画像表現方法。

ビデオメモリ(VRAM) *Video RAM*
GPU が扱いたいデータを保持しておく領域。メインメモリと違って HDD へのスワップ (*Swap*) が行えないので、枯渇しないように気を付けたい。

フィルタ *Filter*
一般には、対象に含まれる不要な部分を取り除く、必要なもの/情報だけを取り出す処理/機能のこと。画像処理では、広く形や色調の加工機能を指す。

不可逆圧縮 *Lossy compression*
データ列を圧縮する際、圧縮前と展開後の差異を許容する代わりに、大幅な圧縮率を実現する圧縮方式。JPEG、MPEG、MP3 などは不可逆圧縮。

ブラー *Blur*
ぼかし、ぼかすこと、ぼかし処理。

ブレンド *Blend*
レイヤーの合成(演算)方法。

プログラミング言語 *Programming language*
ソフトウェアを記述するための言語。

ブロックノイズ *Block noise*
JPEG や MPEG などで、処理単位のブロックが計算精度の問題により隣接ブロックとの差が目立つ、ブロック状のアーティファクト (*Artifact*)。なお、アーティファクトとは、(人工的な) 歪みや乱れのこと。

分光分布 *Spectral distribution*
ある光が、各波長の光をどれだけ含んでいるかを表した分布。

ベクター(方式) *Vector*
図形の形状 (円/矩形/曲線など) を数値で表現することで、解像度に依存しない表現を行うことができる画像表現方式。PostScript や SVG が代表的。

ベジェ曲線 *Bézier curve*
頂点間を曲線で繋いでいく方法の一つ。他にもエルミート曲線 (*Hermite curve*)、スプライン曲線 (*Spline curve*) などがある。

マルチスペクトル
R、G、B の 3 バンドだけでなく、分光分布を元に数バンドに分けて扱う形式。

ミップマップ *MIPMAP*
元画像に対して、50%、25%、12.5% など、あらかじめ小さな画像を用意しておくことで、サンプリング回数を減らし、フィルタリングを高速化する手法。また、その縮小画像そのものの呼称。

メモリ(RAM) *Memory (Random Access Memory)*
メインメモリ。CPU が扱いたいデータを保持しておく領域。プログラムはメモリが大きいほど処理を高速に行える。

モスキートノイズ *Mosquito noise*
高周波成分をカットすることにより発生する、蚊の群れのようなノイズ。JPEG 保存された画像を拡大表示すると見える。

ラスター(走査線) *Raster*
画像や映像を構成する横方向のライン。またそのラインの 1 本。

ラスタライズ *Rasterize*
ベクターデータをピクセル化 (ビットマップ化) する処理。ラスター化。

ランレングス法 *Run Length Encoding*
データ圧縮方式の一つ。「データがどれだけ続くか」という情報 (連続する回数の数値) により、連続するデータを圧縮できる。変化の多いデータには向かないので、圧縮率は高くない (むしろ増えることも)。RLE。

リップマップ *RIP mapping*
ミップマップでは縦と横の解像度が同時に落ちてしまう問題を、「縦の解像度だけ落とした画像」「横の解像度だけ落とした画像」も用意することで解決する方法。当然ミップマップより多くのメモリを消費する。

例外 *Exception*
プログラマが想定していない問題が発生したに起こるもの。例外=エラーと思って問題ない。

レイヤー *Layer*
複数の画像を合成して、1 枚のキャンバスに見せるような技術。それらのしくみをレイヤーと呼ぶことも、その画像 1 枚をレイヤーと呼ぶこともある。

レイヤーフォルダ *Layer folder*
レイヤーを一括操作 (移動、表示/非表示、変形など) できるようにまとめておく機能。レイヤーセット (*Layer set*) とも呼ばれる。

ワコム *Wacom*
世界シェア 8 割のペンタブレット/液晶タブレットメーカー。

目次　2Dグラフィックスのしくみ——図解でよくわかる画像処理技術のセオリー

　　本書について iii
　　本書の構成 v
　　本書で必要となる前提知識 vi
　　基本用語の整理 vii
　　目次 xi

第0章
画像処理の技術を学ぶことについて
道具を知る 1

0.01 グラフィックスツールやコンピュータのしくみを知る価値
データの品質向上、安定した作業環境、技法の習得 2
　　［利点❶］データのクオリティが上がる——1ピクセルも無駄にしない 2
　　［利点❷］処理の負荷を下げ、安定した作業環境を得られる 3
　　［利点❸］技法を習得しやすくなる 4

第1章
基本のしくみ
コンピュータで絵を描くために 5

1.01 2Dグラフィックスツール、いろいろ
ツールの広がりと特徴 6
　　❶画像編集ツール——おもに画像を編集するために作られたアプリケーション 6
　　❷ドローツールとDTPツール——印刷物やデザインのためのアプリケーション 7
　　❸ペイントツール——手書きのイラストや漫画を制作するアプリケーション 8
　　イラストを描くツールを取り巻く状況 9

1.02 画像が表示されるしくみ
パソコン、スマートフォンのグラフィックス機構 10
　　今どきの複雑なグラフィックス機構（グラフィックスアーキテクチャ）.. 10
　　APIを介してグラフィックス処理は行われる 10
　　グラフィックス処理の抽象化が行われる理由 12
　　スマートフォン時代の画像解像度 13

1.03 ビット（bit）やバイト（byte）
情報量を表す単位について 15
　　ビット（bit）と2進数 15
　　バイト（byte）... 17

xi

　　　　ファイルサイズの目安 18
　　　　Column　データ転送量の単位 19

1.04 画像、ピクセル、不透明度とは何か
画像はピクセルで構成されている 20
　　　　ピクセル入門 20
　　　　ARGBと不透明度 ――ピクセルと言えば「ARGB」 21

1.05 コンピュータ上で画像を表現する
画像はメモリ上のピクセル情報 23
　　　　計算はメモリを介して行われる 24
　　　　メモリを確保(使えるように)する方法 25
　　　　不要なメモリは解放する ――不要なメモリ領域はOSに返却する 27

1.06 メモリとHDD/SSDの関係
メモリは潤沢に搭載したほうが良い理由 29
　　　　メインメモリの容量は少ない 30
　　　　スワップアウトとスワッピン 30

1.07 ビットマップとベクターについて
画像表現における2つの基本形式 32
　　　　ビットマップ形式 32
　　　　ベクター形式 33
　　　　ベクター形式のメリット 34
　　　　ラスタライズ 35

1.08 ペンタブレットの性能
選ぶときの比較ポイントとは? 37
　　　　On荷重 37
　　　　座標の精度、座標の歪みの有無 38
　　　　筆圧レベル 38
　　　　盤面の材質、ペン先の材質 38
　　　　WintabとTablet PC API、ドライバ 39

1.09 さまざまな画像フォーマット
専用画像フォーマットの強み 40
　　　　画像フォーマットとファイルヘッダ 40
　　　　画像ファイルの中身 41
　　　　画像フォーマットの大まかな違い 42
　　　　ツールごとの独自機能の保存 ――専用画像フォーマットを指定する 42
　　　　BMP形式 43
　　　　GIF形式 43
　　　　PNG形式 44

	JPEG形式（JPG形式）	44
	PSD形式	45
	TIFF形式	45
	EPS形式	45
	SVG形式	46
	[重要]専用画像フォーマットについて	46

1.10　画像解像度とdpi
「物理サイズ指定のないdpi値は飾りです」 47

	画像解像度とdpi	47
	物理サイズによる指定	48
	Column　手ぶれ補正のしくみ	49

1.11　Hello,World!
ここだけは知っておきたいC言語プログラミング 50

	プログラムの基本	50
	計算処理	51
	関数	53
	分岐処理	55
	繰り返し処理	56
	構造体	57

1.12　「バグった」「落ちた」時に何が起きているのか
よくある問題と、その原因と対策 59

	[例❶]メモリが足りない	60
	[例❷]無限ループ	60
	[例❸]ゼロ除算	61
	[例❹]アクセス違反	61
	[例❺]ディスク容量が足りない	62

第2章　図形描画
ピクセル徹底攻略 63

2.01　画像に点を打つ
すべてはここから。点を打てれば、何でも表現できる 64

	メモリを一度に確保する、ライン単位に確保する	64
	メモリを確保すると、先頭のアドレスを取得できる	65
	先頭アドレスからの相対位置を計算する	67
	関数として定義する	69

2.02 矩形（長方形）を描画する
一番シンプルな図形の描き方 70
- 矩形の描画方法を考える 70
- プログラムで考える矩形描画 ——for文の活躍 71
- ［補足］横方向か、縦方向か ——キャッシュ機構をうまく使って高速処理 73

2.03 ピクセル形式と色深度
今、必要なのは、どのピクセル形式か 75
- RGBカラー（24 bit）... 76
- RGBカラー（16 bit）... 76
- ARGBカラー ——本書の標準的なピクセル形式 77
- インデックスカラーとは？ ——パレットを参照するピクセル形式の総称 77
- 16 bitカラー（16 bit/チャンネル）... 78
- グレースケール 79
- 8 bit（不透明度のみ）.. 79
- ハイダイナミックレンジとは？ ——OpenEXR形式、Radiance形式 80
- マルチスペクトル 82
- YCbCr 84

2.04 半透明を表現する
アルファブレンディングのしくみ 85
- 透明度と不透明度 85
- 合成色の求め方 86
- 半透明の計算式（RGBの場合）... 87

2.05 画像と画像を合成する
コラージュのように 89
- 画像合成の考え方 90
- カラーキー転送 93
- アルファ値を考慮して転送する 94

2.06 点をつなげて直線を描く
斜めの線は難しい 95
- 座標指定 96
- 点を打つ、から考える 96
- 斜めの線を引く方法 97

2.07 アンチエイリアシング処理した直線を引く
不透明度を駆使して滑らかな線を引く 99
- まずはプログラムから 99
- 先ほどのプログラムの問題と、その対策 100
- アンチエイリアシング処理を行う 101

2.08 円を描画する
スーパーサンプリングで綺麗に描く 103
- 円を描く考え方 103
- 円を描くプログラム ──とりあえずガタガタでも良い 105
- スーパーサンプリングとサブピクセル ──綺麗な円へ 106

2.09 三角形の描画❶（外積を使う方法）
三角形の内側か、外側か 109
- 外積を作る 110
- 外積の方向を利用する 111
- **Column** 内積はあるの? 113

2.10 三角形の描画❷（交点を求める方法）
左右の辺の間を塗りつぶす 114
- 辺と辺の間を塗りつぶして三角形を描く 114
- 左右端の被覆率を求める 115

2.11 曲線を引く
ベジェ曲線はどう描かれているのか 117
- 曲線の描き方 117
- ［補足］パラメータとは? 119
- 直線の補間 119
- 曲線の補間（ベジェ曲線） 120

2.12 多角形を描画する
これを描画できれば、何でも描画できる 125
- 曲線の内側を塗りつぶす→多角形を塗りつぶす 125
- スキャンするラインの交差をカウントする 126

2.13 グラデーションを描く
指定した2点間を補間して色を塗る 128
- グラデーションの描画 128
- 円形グラデーションの計算方法 129
- 線形グラデーションの計算方法 130

第3章 画像処理
画質は良く、コンピュータの処理負荷は低く 133

3.01 画像を拡大/縮小する
拡大も縮小も、考え方は変わらない 134
- 拡大/縮小は描画範囲から考える 134

         元画像の座標を計算する 135
         拡大／縮小のプログラム 136
         <u>Column</u>　画像拡大アルゴリズムwaifu2x 137

3.02　画像を綺麗に拡大／縮小する
ピクセルの格子を厳密に考える 138
         縮小処理でジャギジャギになる理由 138
         平均色を取り入れる 139
         被覆率を考慮して縮小する ——半端なピクセルは、半端な影響力がある 140

3.03　ミップマップという考え方
縮小処理の負荷を下げたい 142
         ミップマップ 143
         ミップマップの利点 144
         ミップマップの品質について ——問題点もある 144
         リップマップ 145

3.04　フィルタリング、サンプリング
座標の小数部を使って品質アップ 146
         ピクセルのサンプリング 146
         フィルタリング 147
         ニアレストネイバー 147
         バイリニア補間、バイリニアフィルタリング 148
         バイキュービック補間 150

3.05　画像を回転させる
画像処理のエッセンスが詰まっている 156
         画像の回転転送 156
         座標を回転させる 157
         タイル状に並べる 158
         処理を最適化する 162

3.06　画像の変形
画像を変形して貼り付けたい 164
         変形処理も、基本は多角形の描画と同じ 164
         交点の座標を計算する 165
         変形させると歪む問題 167

3.07　レベル補正とガンマ補正
画像処理では欠かせないカラーフィルタ 169
         レベル補正と、ヒストグラム 169
         レベル補正とは何か 171
         ルックアップテーブル ——事前に計算して、計算を簡略化 172

ガンマ補正 173

3.08 モザイクフィルタ
不透明度を考慮する重要性 175
モザイク処理は簡単 175
モザイク処理の実装 176
不透明度の扱い 178
不透明度を考慮して平均色を求める 180
不透明度を考慮したモザイク処理 181
Column Qt（キュート）でCGプログラミング 183

3.09 ぼかしフィルタ
周辺の平均色を求める、負荷の高い処理 184
ぼかし処理、いろいろ ──モザイク処理との違い 184
周辺15×15pxをぼかしてみる 185
X方向にぼかし、Y方向にぼかす 186
ガウスぼかし ──偏りのある分布を利用する 187
ガウス分布の特徴 188
ガウスぼかしのコード 189

3.10 バケツ塗りつぶし
閉じた領域を塗りつぶす 192
始点の指定 ──左右探索 192
シードフィル 193
シードが多くなり過ぎたら？ 194

第4章
ペイントツールのしくみ
画像データをどう持つか、画像データをどう表示するか 195

4.01 ペイントツールの大まかなしくみ
レイヤー、キャンバス、描画と画面表示 196
ペイントツール設計の3つのポイント 196
レイヤーとキャンバスについて 197
キャンバスの内容を表示する 198
レイヤーへの図形描画から表示まで 198

4.02 画像は必要な分だけ確保されている
ライン単位、タイル単位 200
不透明な部分だけメモリを確保する 200
ライン単位に画像を確保する方法 ──画像確保の単位❶ 201

xvii

　　　　タイル単位で画像を確保する方法 ──画像確保の単位❷ 202

4.03　レイヤーの合成
　　　レイヤーとは何か、キャンバスとは何か 203
　　　　コンピュータで絵を描く手順 203
　　　　レイヤーに分けて作業する 204
　　　　キャンバスの背景色 ──透明な背景は、市松模様で表示される 205
　　　　合成モード（ブレンドモード）について 207
　　　　通常 208
　　　　乗算 208
　　　　加算/発光 209
　　　　スクリーン 210
　　　　オーバーレイ 211
　　　Column　合成モードの互換性 212

4.04　クリッピングとフォルダー
　　　下のレイヤーの不透明な部分だけに上のレイヤーを合成する 213
　　　　クリッピング処理の実現 214
　　　　レイヤーフォルダーと通過モード 214

4.05　計算を繰り返せば劣化する
　　　デジタル処理ならではの劣化 217
　　　　計算精度の問題 ──8 bit精度の限界 217
　　　　サンプリングとフィルタリングの問題 218

4.06　RGB/CMYKとICCプロファイル
　　　異なるデバイス間で、色を再現する 220
　　　　デバイス依存の色情報 221
　　　　ICCプロファイルとは？ 221
　　　　ICCプロファイルを使って運用する 222
　　　　画素、表色系、色空間 223
　　　　ICCプロファイルがあれば何でもOK？ ──印刷所推奨のもので作業すべき ... 224
　　　Column　データ圧縮 ──ファイルサイズを小さくしたい 225

　　　索引 234

　　　あとがき、著者について、[参考]本書内図版の制作環境データ 237

第 **0** 章

画像処理の技術を学ぶことについて
道具を知る

0.01

グラフィックスツールや
コンピュータのしくみを知る価値
データの品質向上、安定した作業環境、技法の習得

　グラフィックスツールや**コンピュータ**は、私たちの創作活動を支援するための道具に過ぎません。ある程度のソフトウェアのリテラシーがあれば、マニュアルやメイキングなどでコツさえ掴めば、何となく使えてしまいます。難しいことは気にしないで、簡単に楽しくソフトウェアを使うに越したことはありません。ただし、何となく使っていると思わぬトラブルにハマることがあります。そのような状況に遭遇するたびに知識をつけ、乗り越えていくのも良い経験でしょう。ですが、無駄なトラブルにわざわざ悩まされて苦労する必要はないのではないでしょうか。

　　　　デジタル画像（*Digital image*、画像）は、
　　　計算によって描き出されたピクセル（*Pixel*）の集合

です。実際にどのような計算が行われているのか、画質を高めるためにどのような工夫が行われているのか、どうしたらトラブルが起こらないで済むのか、技術を正しく知っておくことで多くのメリットを得られます。

[利点❶]データのクオリティが上がる——1ピクセルも無駄にしない

　たとえば、保存時のファイル形式（*File format*）選びを誤ると、画像にノイズ（*Noise*）が混じり画像は劣化します。画像処理の特性を知らないと、編集時に劣化することがあります。アンチエイリアシング（後述）を理解していれば、有効にすべきか無効にした方がいいのか判断できます。
　技術を知っていれば**1ピクセルも無駄にしない**、最高のクオリティのデータ制作を行えるようになります。仮に**プロとして仕事を請けた時**に

も、恥ずかしくないデータを納品することができるでしょう。

[利点❷] 処理の負荷を下げ、安定した作業環境を得られる

　同じ処理をするにしても、アプリケーション（*Application*、アプリ）によって処理時間や品質は変わります。処理時間が早くても膨大なメモリ（*Memory*）を使うアプリもあれば、処理時間が少し遅くても最低限のメモリしか使わないアプリもあります。

　レイヤー（*Layer*）を非表示にしても、使用するメモリは減りません。レイヤーを統合しても、使用メモリは大差ないかもしれません。その白で塗りつぶしたレイヤー、本当に必要ですか[注1]。グラフィックツールが画像をどう扱っているかを想像できるようになれば、最適なプロセスで画像を編集できるようになります。

　どんな高性能のソフトウェアでも、高負荷の処理を行えば不安定になります。ソフトウェアの安定性は作業効率の向上に繋がりますので、ソフトウェアのことをより良く知り無茶をさせないようにできれば、快適な作業環境が確保しやすくなるでしょう。

負荷を減らして作業をする

注1　たとえば「背景の市松模様が邪魔だから、白で塗りつぶしてしまおう」というのは、相当なメモリの無駄遣いです。キャンバス（*Canvas*）の背景色を白に指定しましょう。

[利点❸] 技法を習得しやすくなる

　本書を通して、画像がどういった計算やアルゴリズム（*Algorithm*、計算の手順）で生成されていくのか、何となく掴めてくるはずです。

　　　　画像のエフェクトや合成は、膨大なピクセル処理で構成されています。半透明処理／画像をぼかす処理／ノイズを加える処理など……そういった一連の手順（アルゴリズム）の組み合わせに過ぎません。

　画像がどのように合成されるか、アルゴリズムレベルで理解しておけば、TVや広告で目にした作品のエフェクトを自分の作品でも再現しやすくなるでしょう。

　プログラマにとっても同様です。どのようなAPI（後述）を組み合わせればエフェクトを再現できるか想像しやすくなります。

メイキングの過程を想像できる

第 **1** 章

基本のしくみ
コンピュータで絵を描くために

1.01

2Dグラフィックスツール、いろいろ
ツールの広がりと特徴

　CG（*Computer Graphics*、コンピュータグラフィックス）という言葉があります。これは**コンピュータを使って画像を作り出す技術の「総称」**です。一口にCGと言っても、写実的な3DCG（*Three-dimensional computer graphics*、3Dグラフィックス）、手書き風の柔らかいイラスト、広告のようなかっちりしたデザイン、図面や建築物など、多種多様で人によって思い浮かべるものは大きく違います。

　ここでは、本書が対象とする**2D**（2次元/平面）**の画像**（2DCG）に焦点を当てて、**2Dの画像を扱うためのCGツール**（**2Dグラフィックスツール**、*2D graphics software*/*2D graphics editor*）全般について、大まかにおさらいしておきましょう。

❶画像編集ツール──おもに画像を編集するために作られたアプリケーション

　画像（写真）を編集するツールと言えば、Adobe SystemsのPhotoshopが代表的です。日本ではイラストを描くツールとしての認知度も高いです。**画像編集ツール**（*Image editor*/*Photo editor*）とは、

- 多彩なフィルタ
- 画像や写真の修復機能
- レイヤー機能と豊富な合成モード
- カラーマネジメント機能
- 独自のメモリ管理機構

などの特徴的な機能を持つツールです。

取り込んだ画像を加工するフィルタ、写真を修復したり自動的に補完する機能、お馴染みのレイヤー機能、デジタルデータと印刷物の色味が合うように調整するカラーマネジメント機能、巨大な画像を編集してもメモリ不足でエラーになりにくい独自のメモリ管理機構、などのような、巨大なカラーデータを自在に編集する機能が豊富なのが画像編集ツールです。以下に、代表的な画像編集ツールとその登場時期を挙げます。

- Photoshop（1990～）
- Paint Shop（1990～）
- GIMP（1995～）
- Fanfare Photographer（1999～）
- PAINT.NET（2004～）

❷ドローツールとDTPツール ──印刷物やデザインのためのアプリケーション

　いわゆる（広義の）「ドローツール」と言われるツールは、印刷用のデータを作るために用いられます。**ベクターデータ**（*Vector data*）と呼ばれる、解像度/ピクセルに依存しない情報を用いて画像を構成していきます。Illustrator（Adobe Systems）のような1ページ（1枚）の画像を扱う**ドローツール**（*Drawing software*）と、InDesign（Adobe Systems）やQuarkXPress（Quark, Inc.）のような複数のページを扱い1冊の本を仕上げるDTP（*Desktop Publishing*）用の**DTPツール**があります。InDesignは、同社製品のPhotoshopやIllustratorで作ったデータを取り込んだり連携させたりする作業がスムーズにできます。これらのツールの特徴として、

- ベクターデータを扱う（パス/図形、画像、テキスト）
- カラーマネジメント機能
- 強力なテキスト機能、組版機能
- ページ管理機能（とくにDTPツールの特徴）

などがあります。以下、代表的なドローツールと登場時期です。

- MacDraw（1984〜）
- PageMaker（1985〜）
- QuarkXPress（1987〜）
- Illustrator（1987〜）
- CorelDRAW（1989〜）
- Flash（前身のSmartSketchが1994〜）
- Expression（1997〜）
- InDesign（1999〜）
- Inkscape（2003〜）

❸ペイントツール──手書きのイラストや漫画を制作するアプリケーション

　画像編集ツールの機能を概ね継承した上で、(2Dの)漫画/イラスト製作に特化した機能を追加したもの、これがペイントツール（*Raster graphics editor*）です。とくに、

- ペンタブレット（*Pen tablet*、*Graphics tablet*）対応（Wintab/Tablet PC）
- キャンバスの左右反転/回転表示
- クオリティの高いブラシ処理
- ページ管理機能
- 吹き出しや効果線などの漫画機能
- トーン（*Tone*、漫画などに利用される特殊なパターン/シール）素材の貼り付け

などが画像編集ツールとの違いになります。以下、代表的なペイントツールと登場時期です。

- MacPaint（1984〜）
- Z's STAFF（1985〜）
- マルチペイント（1992〜）

- Painter（1990〜）
- openCanvas（2000〜）
- ComicStudio（2001〜）
- NekoPaint（2006〜）
- SAI（2006〜）
- AzPainter2（2009〜）
- FireAlpaca（2011〜）
- CLIP STUDIO PAINT（2012〜）
- MediBang Paint（2015〜）

イラストを描くツールを取り巻く状況

2000年代前半までは、イラストはPhotoshopを使われて制作されることが多かったようです。その後、「ペンタブレットの普及」「SNS（*Social Networking System*）の普及（バズりやすい時代に）」「安価なイラスト制作ソフトウェアの普及」というのが相まって、イラストに特化した専用ツールを使用するユーザが徐々に増えてきました。

最近では「パソコン（*Personal Computer*、PC）を持っていないのでスマートフォン（*Smartphone*、スマホ）だけで描いている」というユーザをよく見ます。スマートフォンやタブレット（*Tablet*）など、モバイル端末（*Mobile Device*）の性能は劇的に向上しています。さらに、クラウド（*Cloud computing*、ネットワーク/インターネットベースのコンピュータ資源の利用形態/サービス）対応でより便利に簡単にデータをやり取りできるようになり、パソコンだけで完結していた時代から変わっていくのでしょう。

＊　＊　＊

本書では、これらのグラフィックスツールで用いられている画像処理の技術がどのように実現されているかを説明していきます。グラフィックスツールのオプションは、技術的な用語/観点で記されている場合が多いです。技術用語を深く理解することで、グラフィックスツールのポテンシャルを引き出すことができるようになります。

1.02

画像が表示されるしくみ

パソコン、スマートフォンのグラフィックス機構

　私たちが目にしているパソコンのディスプレイやスマートフォンの画面の表示内容は、コンピュータ（パソコン/スマートフォン/ゲーム機など）上のどこかに存在している、メモリ上のデータを反映したものです。
　本節では、画像を表示するためのコンピュータ内のしくみをまとめておきます。

今どきの複雑なグラフィックス機構（グラフィックスアーキテクチャ）

　冒頭で、画像データとはメモリ上のデータのことと述べました。しかし、残念ながら今どきのOS（*Operating System*）では、ユーザはそのメモリ（ディスプレイ上の表示されている画像）が物理的にどこに存在しているかはわかりません。ハードウェアアクセラレーション（*Hardware acceleration*、ハードウェアによる処理の支援）が絡んだり、メモリの保護機構があったり、OS自体が複雑になっていたりするからです。
　プログラム（*Program*）で「画像を表示せよ」と命令してから実際に画面に表示されるまで、何層にもわたる複雑な処理を経ています。

APIを介してグラフィックス処理は行われる

　画像を表示するプログラムがあったとします（ゲームやCGツールを想像してください）。このプログラムは、OS（Windows/Mac OS/iOS/Androidなど）の提供するAPI（*Application Programming Interface*）と呼ばれるプログラム用の窓口を経由して、画像の表示を実現します。

「表示用の画像はメモリ上に存在している」と言っても、**プログラムは直接そのメモリを操作（読み込み / 書き込み）することは一般的ではありません**。「このメモリの内容を画面に表示して欲しい」「画面に楕円を描画して欲しい」などの命令を、**API を通して OS に依頼します**。OS は、他のプログラムとの兼ね合いも調整しつつ、API 経由の命令を実現します。

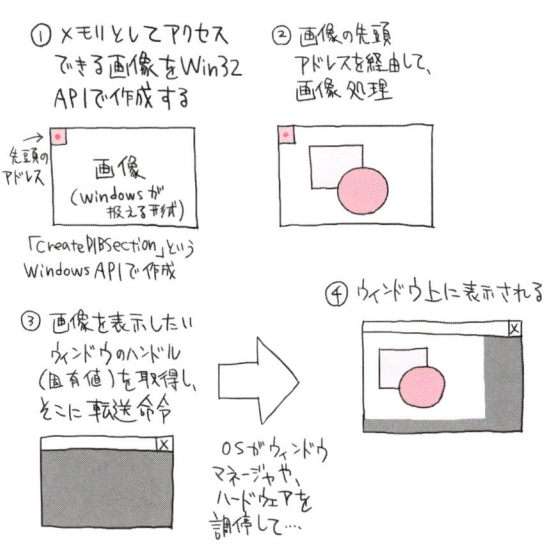

Windows API でメモリの内容を画面に表示する場合

　本書は、**ローレベル（*Low level*）な画像処理がどのように行われるのか**について考えていく本です。ローレベルとはつまり、ユーザ（プログラマ）が **1 つ 1 つピクセルの色を計算**し、図形を描画したり画像を合成したりするような、すべての画像処理を把握している状態です。

　「それは当たり前なのでは？」と思うかもしれません。残念ながら、OSのAPI（とくにグラフィックス処理周りの扱い）は**抽象化**されています。「画像を用意する」「楕円を描画する」のような**ピクセル形式**（後述）**を意識しない命令で構成**されるのが一般的です。**ピクセルを打つ / 取得する命令もありますが**、処理が重かったりしてあまり**推奨されない**ことが多い

です。

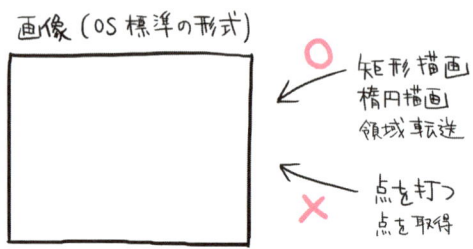

APIでのピクセル処理は推奨されない

グラフィックス処理の抽象化が行われる理由

　なぜこのように抽象化されていて、単純なメモリ (上のデータ) として画像を扱えないのでしょうか。

　コンピュータのOSは昔から、画像処理に前出の**ハードウェアアクセラレーション**と呼ばれる、ハードウェア (グラフィックカード、ビデオカード) を活かした高速処理を行っていました。CPU (*Central Processing Unit*、プロセッサ) はどんな処理でもそれなりに高速に行えますが、グラフィックカードに搭載されているGPU (*Graphics Processing Unit*) は、画像処理に特化した設計がされており、塗りつぶしや図形描画をCPUに比べて圧倒的に高速に処理できます。

　しかし、これはあくまで画像データが**GPU内の画像用メモリ** (VRAM、*Video Random Access Memory*) 上に存在する場合に限ります。GPUは、VRAM内の処理を高速化するものであり、メインメモリ (メインRAM、メモリ) 内の画像は処理できません。

　CPU側も、VRAM内のメモリには直接アクセスできません。基本的に、メインメモリとVRAMは、「メインメモリからVRAMへの転送」と「VRAMからメインメモリの転送」という、まとまった量のメモリ (上のデータ) を一気に転送することで、データをやり取りしています。ユーザは、「ここから何バイトを、ここに転送」という形でしか、メインメモリとVRAMを介したやり取りはできません。

12

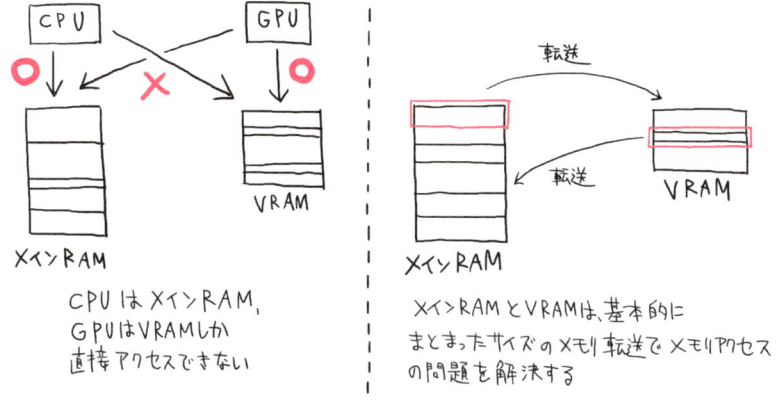

メインメモリ（メインRAM）とVRAM

　そういった複雑さ/制約があるので、**そういったことをユーザが考えなくて済むように**、OSは画像がどういった状態で内部的に保存されているのかをユーザに意識させないようにしています。

　できるだけハードウェアアクセラレーションを使用し高速化する、必要ならユーザが画像のメモリを直接操作できるように調整するなど、OSが**ハードウェアとソフトウェアを調整し**、**最善のパフォーマンスを生む**ために、ユーザにはできるだけ抽象的にデータを扱ってもらいたいわけです。

スマートフォン時代の画像解像度

　余談ですが、2010年前後から画面の解像度が多様になり[注1]、とくにモバイルなどのアプリケーション開発において、**ピクセルを意識しない表現をした方が好ましい**時代が来ています。同じ長方形の描画でも、px単位（ピクセル単位）で幅と高さを指定してしまうと、その長方形がどれく

注1　同じスマートフォンでも解像度が何倍も違うものが続々と新機種として登場しています。

らいのサイズで表示されるのか、機種によって大きく違ってきます。

同じ400×400pxでも……

　そこで、**物理的なサイズを基準**に画面上に表示する方法が考えられます。たとえば、Androidではデバイスの画面解像度（dpi、詳しくは後述）を取得することができます。ボタンのサイズを決める際に、物理的に1.5cmもあれば問題なく押せるので、

```
// 1.5cmをinchに直して、dpiを掛ければピクセル数（ボタンのサイズ）
buttonSizePx = 1.5 / 2.54 * dpi;
```

という計算を行えば、どのデバイスでも同じサイズのボタンが画面に表示されるはずです。

1.03

ビット(bit)やバイト(byte)
情報量を表す単位について

　32 ビット CPU……8 ギガ バイトのメモリ……。コンピュータを扱っていればよく目にする、これらの「ビット」「ギガ」「バイト」といった単語。これらは情報量を表す単位です。これらの言葉の意味を知ることは、画像処理の理解を深めるために欠かせません。少し難しいかもしれませんが、知っておく価値はあります。

ビット(bit)と2進数

　まずはビット(*bit*)です。ビットは「2つの状態を表せる情報量」になります。コンピュータでは、0と1を表現するのに使われます。

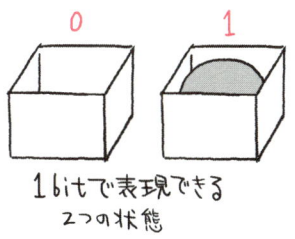

1 bitで表現できる2つの状態

　ビットが2つあれば、2 bit(2ビット)になります。「2 bit」で表すことができるのは$2^2 = 4$で、以下の図のように「4つの状態」になります。2 bitだからといって、2つの状態ではないのがおもしろいですね。

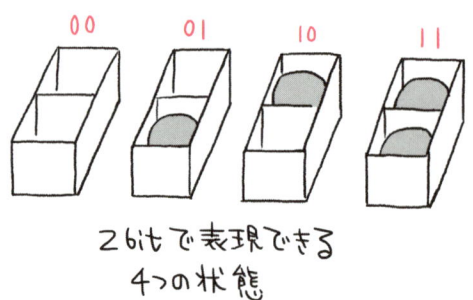

2 bit で表現できる4つの状態

　3 bit、4 bit と、表せる状態は倍々になっていきます。**8 bit** なら 2^8 で **256の状態**、たとえば「0から255までを表現」することができます。コンピュータを使っていると、「255」とか「256」という数字を見かけますが、それは、この8 bit（1 byte）から来ているわけです。

　16 bit なら、**65,536の状態**（0から65,535など）。**32 bit** なら4,294,967,296通りで、約43億の状態を保存できます。

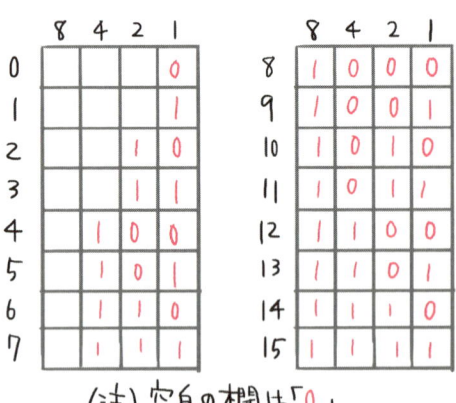

4 bit で表現できる16の状態

以下のように、**0と1だけで表現した数値**を**2進数**(*Binary number*)と言います。上記図のとおり、

- 0 →(2進数で) 0
- 1 →(2進数で) 1
- 2 →(2進数で) 10
- 3 →(2進数で) 11
- 4 →(2進数で) 100

となります。

バイト(byte)

バイト(*byte*)とは、8 bit をまとめたものです。8 bit = 1 byte なので、32 bit なら 4 byte になります。

とは言っても、32 bit CPU のことを 4 byte CPU とは言いません。一方、大きな容量を説明するのに bit が使われることはありません。**CPU の処理能力**や**小さな情報を厳密に記す**場合は **bit** が使われ、それ以外は **byte** が使われます。

念のためおさらいです。1 byte で表現できる状態は何通りでしょうか。そう、1 byte は 8 bit なので、$2^8 = 256$ 通りになります。

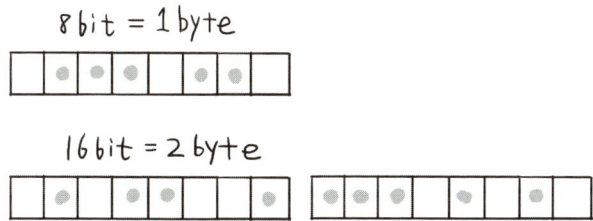

bit と byte

メモリやHDD（*Hard Disk Drive*、ハードディスク）、SDカードのような記憶装置は、容量を表すのにbyteが使われています。しかし、「141,421,356 bytes」などと言われても、どれだけの大きさかピンと来ないですよね。そこで使われるのが、k（*kilo*、キロ）、M（*Mega*、メガ）、G（*Giga*、ギガ）、T（*Tera*、テラ）などの単位です。k（キロ）だけは小文字です。

- 1,000 byte → 1 kbyte（1 kilobyte、1kB、1キロバイト）
- 1,000 kbyte → 1 Mbyte（1 megabyte、1MB、1メガバイト）
- 1,000 Mbyte → 1 Gbyte（1 gigabyte、1GB、1ギガバイト）
- 1,000 Gbyte → 1 Tbyte（1 terabyte、1TB、1テラバイト）

と1,000倍になるごとに、単位が変わっていきます。日本語の「万」「億」「兆」みたいなものですね。

ファイルサイズの目安

とは言え「128キロバイト」（128kB）とか「256メガバイト」（256MB）と言われても、あまりピンと来ませんので、タバコの箱や東京ドーム、サラリーマンの平均年収のような、何となく大きさをイメージできる基準があると便利です。たとえば、

- 250kB：『ドラゴンクエストIII そして伝説へ…』（ファミリーコンピュータ）のROM容量
- 1.44MB：FD（*Floppy Disk*、フロッピーディスク）の容量
- 8MB：フルHD（*Full HD*、FHD）サイズの無圧縮ARGB画像の容量
- 650MB：一般的なCD-Rの容量
- 4GB：4 byteで表せるメモリ容量
- 8GB：PlayStation 4のメインメモリの容量

など、自分でわかりやすい基準を持っておくと、ファイルサイズを掴みやすくなるでしょう。

「保存した(受け取った)ファイルが、想像したサイズより小さい……これはおかしい」と、そのような考えが浮かぶようになれば、作業上でのトラブルも防ぎやすくなります。

　たとえば、「レイヤーが何十枚もあるデータなのに、数kBしかない」という場合、ファイルの一部(と言うか大半)が消失してしまった可能性が高いです。もう一度データを送ってくれと頼んだ方が早いでしょう。

　そういった、絶対音感ならぬ「絶対ファイルサイズ感」みたいなものは持っておきたいですね。

Column

データ転送量の単位

　CPUの処理能力は「bit」で表現されると書きましたが、データ転送量も「bit」で表現されます。たとえば、通信回線で目にするような「下り最大225Mbps」という表現のMbpsとは、Megabit per secondsの略であり1秒あたりにダウンロードできるビット数になります。データ容量を示す「byte」とは単位が違います。225 megabit(メガビット)は、約28MB(メガバイト)であり、それが1秒間にダウンロードできる容量になります。

1.04
画像、ピクセル、不透明度とは何か
画像はピクセルで構成されている

　画像はピクセルが並んだものです。**ピクセル**とは**色情報が詰まった値**（数値が何個か並んで入った箱のようなもの、配列）です。本節で、画像の基本である「ピクセル」について、しっかり押さえておきましょう。

ピクセル入門

　コンピュータ上では、**画像はピクセルで構成**されていて、各ピクセルは 32 bit/24 bit/8 bit/1 bit などの値が割り当てられています。**どれだけの色情報を表現したいか**によって「ピクセルが保持するビット数」は変わってきます。

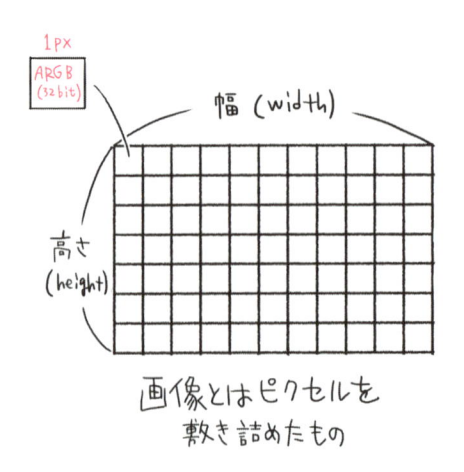

画像とはピクセルを敷き詰めたもの

画像はピクセルの集まり

写真のような**色彩豊かな表現**をしたければ**1pxあたり24 bit**は必要ですし、一方ファミリーコンピュータ時代のような**ドット絵**なら**1pxあたり8 bit**（インデックスカラー、後述）などでも充分です。

ARGBと不透明度 ── ピクセルと言えば「ARGB」

代表的なのが、**ARGB**（*Alpha Red Green Blue*）というピクセル形式[注2]です。RGBA形式と呼ばれることもあります。以下の、

- 不透明度（**A**：8 bit）
- 赤（**R**：8 bit）
- 緑（**G**：8 bit）
- 青（**B**：8 bit）

4つの値を8 bit（1 byte）ずつ保持した**32 bit（4 byte）のピクセル**になります。

一般的に、**ピクセルと言えば、このARGB形式のこと**を言います。十分な色表現が可能なことと、コンピュータが4 byte単位での処理に最適化されていることが多いのも、多く使われる理由でしょう。

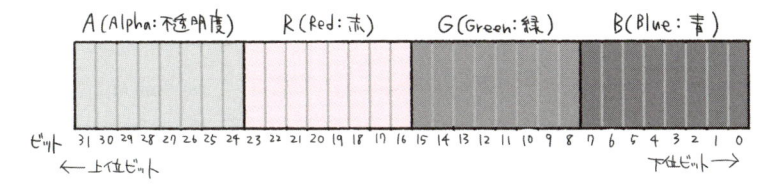

ARGBのビット列

R/G/Bの各値は、赤/緑/青の明るさを意味しています。スマートフォンやパソコンの液晶パネルは、微小な赤/青/緑のストライプが**各々**

注2　ピクセル形式について詳しくは2.3節で取り上げます。

どれだけ発光するかによって、さまざまな色を表現できます。R/G/Bすべてが明るく光っていれば「白」。何も光っていなければ「黒」。何となく想像できるでしょう。256 × 256 × 256 = 16,777,216通りの色が表現できます。

　しかし、不透明度（A、*Alpha*）とは何なのでしょうか。赤、緑、青の要素が色を作り出すのはイメージできますが、不透明度が画像にどのような影響を与えるのでしょうか。

　その名称からある程度想像できるかもしれませんが、不透明度は別の画像に合成する際に用いられる要素になります。あくまで他の画像に合成する際に用いる要素であり、表示の際には無視されます。もちろん液晶にもR/G/Bの要素しか存在していません。不透明度を用いた合成処理に関しては、第2章で詳しく説明します。

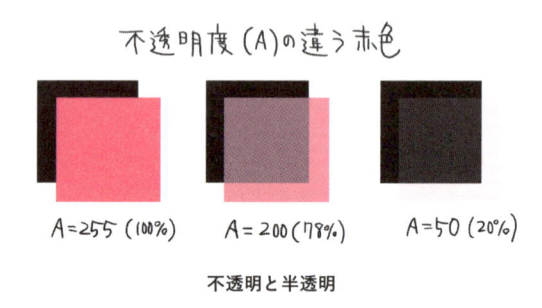

不透明と半透明

　ちなみに、英語だと「不透明 = Opaque」で「透明 = Transparent」です。日本語と違って、接頭語だけの違いではないのがおもしろいですね。ちなみに「不透明度 = Opacity」です。

1.05

コンピュータ上で画像を表現する

画像はメモリ上のピクセル情報

　前述のとおり、画像はピクセルが並んだものです。コンピュータでは、**メモリ**(データの一時保管場所)**を介して、ピクセル情報を読み書き**して画像処理を行います。

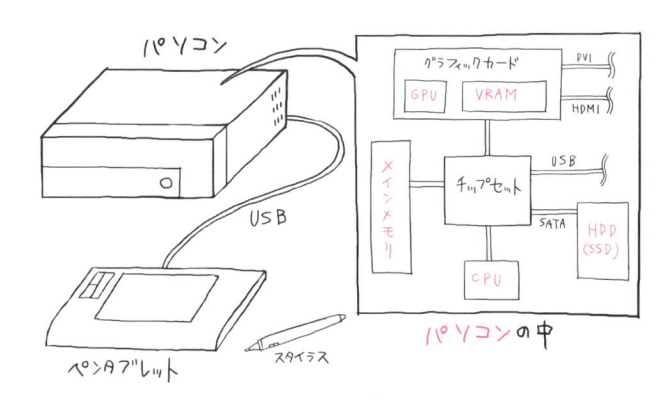

パソコン※

※図中、DVIやHDMI、USBにはディスプレイをはじめ各種入出力機器がつながる形になります。

　画像を扱うプログラムは複雑なことをしているように見えますが、知っておきたい**基本処理はたった3つ**です。❶OSにメモリを要求して、❷画像を表現(繰り返し処理/for文で塗りつぶすなど)して、❸不要になったらメモリを解放する、という一連の処理だけです。
　プログラムについては後ほどもう少し詳しく説明しますので、本節でまずは大まかな処理の流れを知っておきましょう。

計算はメモリを介して行われる

　コンピュータで画像を扱うと言っても、何も特別なことが起きているのではなく「メモリの一部を画像ということにしている」に過ぎません。プログラムは、メモリ上の情報（ピクセル）を読み書きすることで、画像を表現しているわけです。メモリ上のデータから数値を読み込み、計算をして、メモリに書き戻すのが、コンピュータの処理の基本です。もちろん画像処理でも基本になります。以下の図❶は、コンピュータの処理のイメージです。メモリ上のAとBの領域にあるデータを読み込んで、計算（足し算）して、Cの領域にセットしています。また、以下の図❷のように、レイヤーのデータも、メモリ上のそれぞれの領域に存在します。

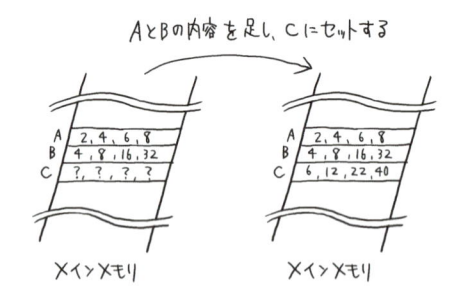

❶AとBのメモリを足しCにセット

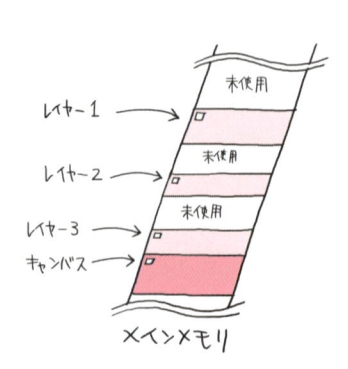

❷レイヤーのデータもメモリ上の存在する

メモリを確保(使えるように)する方法

　プログラムはそのメモリにどうアクセスしているのでしょうか。

　プログラムは、メモリを使いたい場合、以下の図のようにOSに対して「これだけの容量のメモリが欲しい」と命令します。すると、OSから自由に読み書きできるメモリ領域を取得することができます。これを「メモリの確保」と言います。確保したメモリは、他のアプリからは使えなくなるので安心してください。

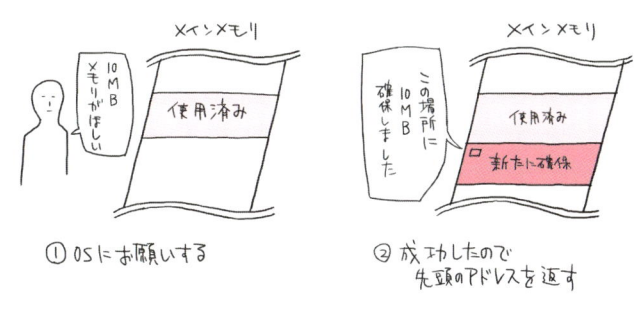

メモリの確保に「成功」

　一方、メモリの確保に失敗すると、以下の図のように失敗アドレスなどが返ってきます。

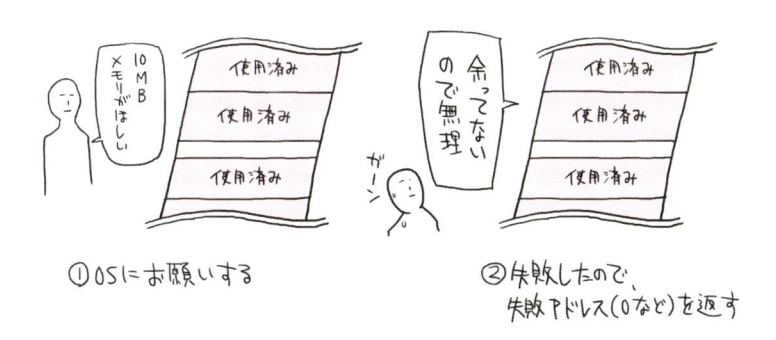

メモリの確保に「失敗」

確保したメモリ領域の先頭には「アドレス」(Address)という「番地」のようなものが割り振られています。プログラムは、そのアドレスをたどってメモリに対して処理を行えるわけです。

　たとえば、辺が100pxの正方形で、ピクセルがRGB (3 byte)のデータだとすると、100 × 100 × 3 byteのメモリを要求します。そのメモリ内を、0で敷き詰めれば「黒い画像」、255で敷き詰めれば「白い画像」になります。正確には、なるというか「そういうことにする」わけです。以下の図では、幅3px、高さ4pxの画像が、どのようにメモリ上で構成されているかを示しています。

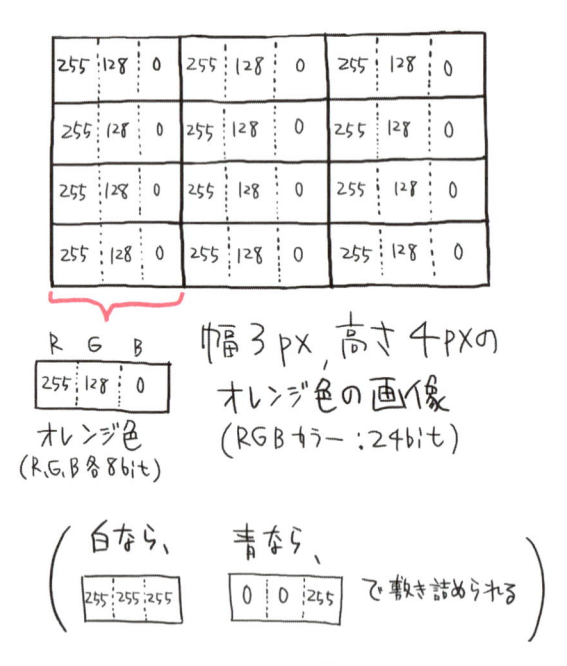

幅3px、高さ4pxのオレンジ色の画像のメモリ内容

不要なメモリは解放する —— 不要なメモリ領域はOSに返却する

不要になったメモリは解放します。取得したアドレスをOSに渡して「解放してよ」と頼むことで、その領域をOSに返却し、また別の用途に使用できるようになります。

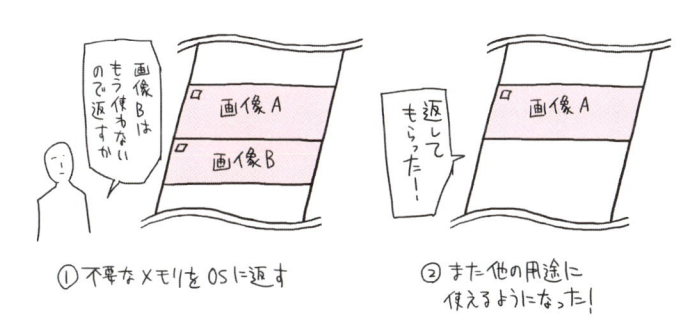

メモリの解放

メモリを解放せずに確保してばかりだと、メモリ領域が枯渇することは容易に想像できます。たとえば、32 bitのWindowsでは、1つのアプリは**最大でも2GBか3GBしか確保することができません**。32 bit Windowsでは、アプリで使えるメモリの一部がシステムで予約されているので、2GB分しか使えないからです[注3]。

もし要求した容量のメモリを**確保できない**と、**不正なアドレス**が返ってきて、その領域を参照すると「アクセス違反」というエラーが起こり、最悪、アプリは強制終了してしまいます。

よくあるパターンは、

❶ メモリを確保できず、不正なアドレス（たとえば数値の0（ゼロ））が返ってきた

❷ 確保できなかったにもかかわらず、そのアドレスにデータを書き

注3　3GBまで使えるようにOSの設定を変更することもできます。

込んでしまった
❸エラー（例外）が発生して、アプリが不安定になる（強制終了する）

というものです。

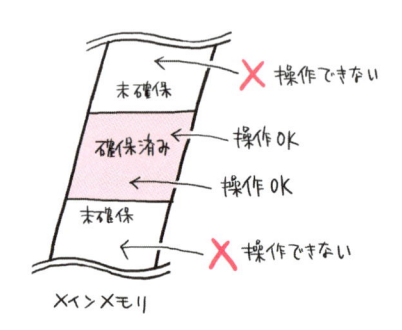

不正なアドレスに書き込み

　そうならないよう、独自の工夫（独自のメモリ管理機構）をしているソフトウェアはありますが、**安定した作業を行いたいなら、できるだけメモリを多くのメモリを搭載しておくに越したことはありません。**

1.06

メモリとHDD/SSDの関係
メモリは潤沢に搭載したほうが良い理由

　コンピュータの記憶階層において、**メモリ**は比較的素早く読み書きできますが容量は小さく、**HDD**や**SSD**（*Solid State Drive*）は容量は大きいですが読み書きに時間が掛かる、という特徴を持ちます。

　コンピュータのプログラムは、**作業中のデータをメモリ上に乗せて**素早く処理しています。動画編集のような非常に大きなデータを扱う場合は、HDD上のファイルをそのまま編集することもあるので一概にそうとも言えませんが、大抵のプログラムは、データを一度メモリ上に読み込んで処理しています。

　メモリ上のデータは電源を落とすと消えてしまうので、プログラムを終了する前に、作成した絵や音楽データは**HDDやSSD上に保存**しておきます。絵を描いたら、閉じる前にファイルに保存する……当然のようにしていることですよね。

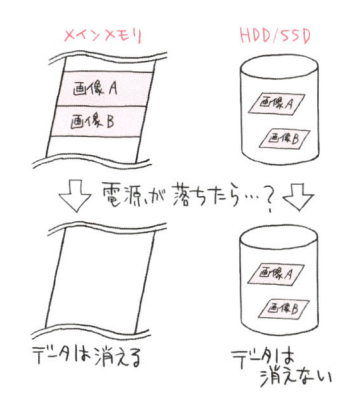

メモリは消える、HDDやSSDは消えない

あくまでこれはパソコン上での話であり、スマートフォンやタブレットなどのモバイルアプリでは自動保存が基本になっています。パソコンではアプリは自分が閉じない限り終了しませんが、モバイルアプリではOSによってプログラムが強制終了させられることがあるので、強制終了の直前に保存するような処理を開発者が入れています。

メインメモリの容量は少ない

HDDやSSDが数百GB、数TB単位の容量を持っている一方、メモリ（メインメモリ）は数GBと、心許ない容量しかありません。Windowsなら［コントロールパネル］-［システム］メニューから、Macなら画面左上の林檎アイコンの［このMacについて］メニューから、メインメモリの容量を確認できます。2015年現在、たとえばメインメモリが2GB程度しかなかったとすると、印刷サイズのイラストを編集するのは無理があるでしょう。

Windowsの［システム］メニューでメモリの容量を確認

スワップアウトとスワップイン

先述したように、アプリ（アプリケーションプログラム）やグラフィックスツールの画像データはメモリ上に置かれています。ですが、メモリの容量はHDDやSSDに比べるととても小さく、十分なメモリを確保しきれない状態になります。すると、どうなるのか。メモリの一部がHDDやSSDに追いやられます。このしくみをスワップアウト（*Swap out*）と言います。

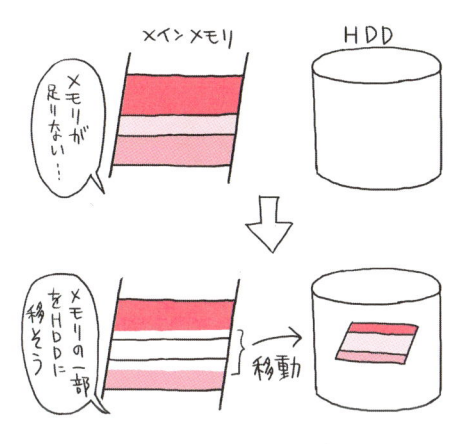

画像の一部が、HDDにスワップアウトされる

　このしくみにより、理論的には搭載されているメモリ以上のデータをメモリ上で処理することができます[注4]。データが必要になった時、HDDやSSDからメモリにデータを戻すことを**スワップイン**(*Swap in*)と呼びます。
　ただ、この**スワップ処理(スワップイン/スワップアウト)のコスト(処理時間)** は**非常に高い**です。ですから、あまり頻繁にスワップ処理が行われないように、できるだけ多くのメモリを搭載しておきましょう。

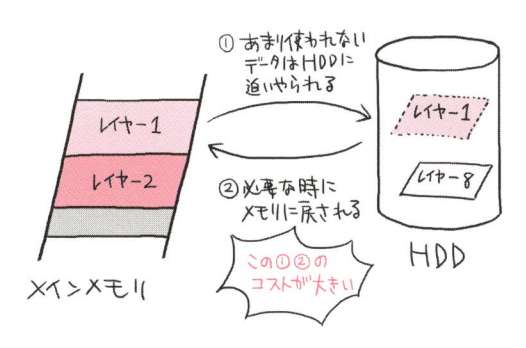

メモリとHDDを行ったり来たりすると重くなる

注4　このようなしくみは「仮想メモリ」(p.viiiを参照)として実現されています。

1.07

ビットマップとベクターについて

画像表現における2つの基本形式

　本節では、**ビットマップ形式**(*Bitmap graphics*、ラスター形式)および**ベクター形式**(*Vector graphics*)という、2つの画像の基本形式をまとめます。ビットマップ形式は、ピクセル(画素)を並べて扱う画像表現です。一方、ベクター形式は画像の形状/位置/サイズ/色などのメタ情報を保持して描画の命令で図形を扱う画像表現です。

ビットマップ形式

　コンピュータ上で画像を表現するには、ピクセル(画素)を縦横に並べる必要がありました。これを**ビットマップ形式**の画像と言います。ピクセルの数が多ければ精緻な画像を表現できますし、少なければ荒い画像しか表現できません。640×480pxなら**VGAサイズ**、1920×1080pxなら**フルHDサイズ**などと呼びます。

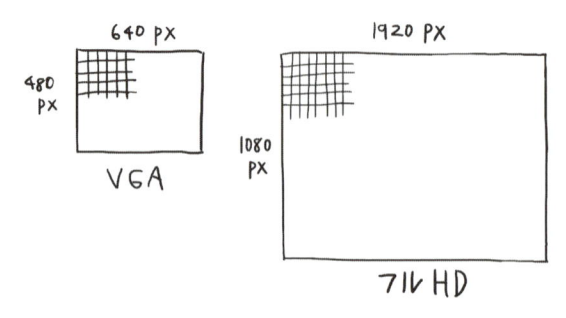

縦横に画素を並べたビットマップ形式の画像

　とは言え、ビットマップ形式はあくまで「最終的に必要な形式」(ディ

スプレイに表示したり、印刷したり）であって、常にビットマップ形式で画像を表現しなければいけない、ということはありません。

ベクター形式

別の方法として、**ベクター形式**という表現があります。ベクター形式では、画像を**形状／位置／サイズ／色**などで指定し、組み上げていくものです。ビットマップ形式では、いくら解像度を高くしたところで、「完全な円」や「完全な三角形」というものは表現できず、必ず**ピクセルの格子のガタガタ**が現れてしまいます。一方、ベクター形式を用いれば、**厳密な図形を定義**することができます。

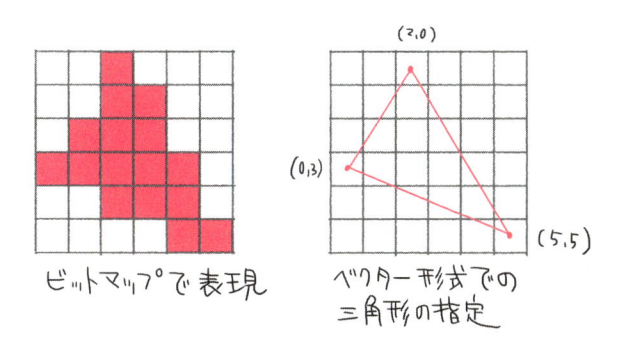

ビットマップとベクターでの三角形の表現

たとえばSVG（*Scalable Vector Graphics*）というWebブラウザなどで用いられるベクター形式でこのように表現します。XML（*Extensible Markup Language*）形式というテキストフォーマットで、＜と＞で囲まれた**タグ**（*Tag*）でデータ構造を定義します。以下のコードを見ると、わかりやすいでしょう。Webブラウザにて、Webページ中で右クリックしてから［ソースを見る］などで表示できるHTML（*HyperText Markup Language*）に似ています。

```
<svg xmlns="http://www.w3.org/2000/svg"
     xmlns:xlink="http://www.w3.org/1999/xlink">
  <rect x="50" y="50" width="150" height="150" fill="red" />
  <circle cx="200" cy="200" r="80" fill="blue" />
```

上記のコードを見ると「rect」というタグがあります。これは矩形(長方形)を描画する命令です。x、yが左上の座標、widthとheightが幅と高さ、fillが塗りつぶす色(red＝赤)を指定しています。

「circle」というタグもあります。これは円を描画する命令です。cx、cyが中央の座標、rが半径、fillについては同様です。

このSVGのコードを解釈してビットマップに落とし込むと、このようになります。ピクセルデータを用意する必要もなく、図形描画の命令だけで画像を表現することができました。

ラスタライズしたSVG※

※上記の図では紙面の都合で、右下の丸が濃いグレーになっていますが、実際にはblue(青色)になります。

ベクター形式のメリット

こういったSVGのようなベクター形式の表現には大きなメリットがあります。それは、

❶編集時にデータの劣化が起こりにくい
❷解像度を自由に変更できる

というものです。もし、円のサイズを1/2にしたとします。やっぱり元に戻したくて2倍にしたとします。これをビットマップ形式のデータで処理をすると、以下の図のように劣化してしまいます。一度失われたピクセルデータは取り戻すことはできません。

先ほどのSVG形式のcircle命令なら、半径が80→40→80と変化するだけで画像が劣化する心配もありません。

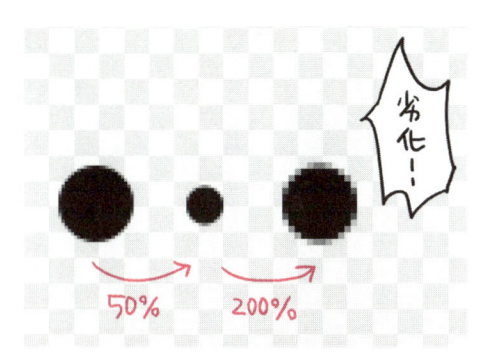

解像度変更で劣化するビットマップ

ラスタライズ

　もちろん、ベクターデータだって最終的にはビットマップ表現をしなければ、ディスプレイやプリンタに出力することはできません。ただし、プリンタへの出力に関しては、ページ記述言語PostScriptという方式があるのでビットマップ化しなければいけないということはないですが（念のため）。

　解像度に依存しない「ベクターデータをビットマップ化（ピクセル化）する処理」をラスタライズと言います。Rasterizeは、Raster + izeで「ラスター化する」という意味で「ラスタライズ」です。

　画像はご存知のとおり、「2次元の（縦と横、平面に表された）情報」です。しかし、磁気テープのような記録媒体に保存したり、電波などで伝送したりする場合に、その情報を写真のような2次元情報で表現することはできません。「一番上の列」「2番めの列」……などと、1次元のライン単位に分解し（以下の図のように繋ぎ合わせて）、1次元のデータとして扱います。その分解したラインをラスターと呼びます。

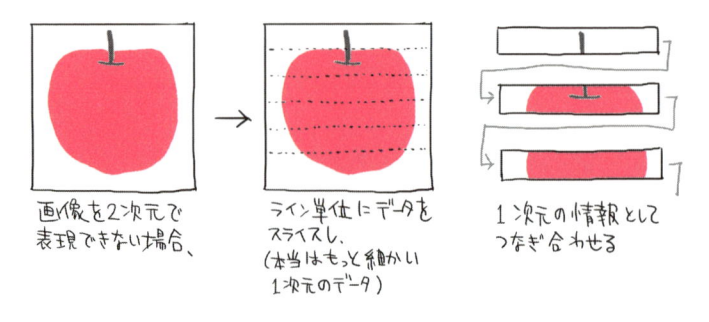

画像のラスター化

　ベクターデータをビットマップデータとして出力したい場合、ライン単位(ラスター単位)にピクセル化していきます[注5]。

　以上のようにメリットの多いベクター形式ですが、それでもビットマップ形式の方が多く使われています。理解しやすい、実装が簡単というのは大きいです。

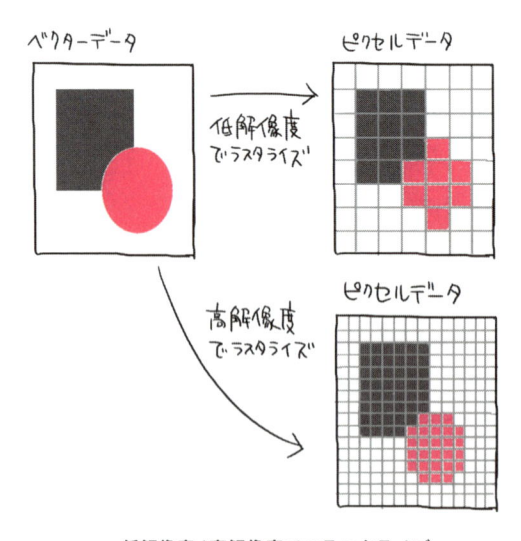

低解像度/高解像度でのラスタライズ

注5　ラスター単位の処理……つまり「ラスタライズ」ということなのでしょう。

1.08

ペンタブレットの性能

選ぶときの比較ポイントとは？

ペンタブレット（*Pen tablet*）とは、コンピュータの入力装置の一つです。デバイスの移動量でカーソルを動かすマウスからの入力と違って、盤面とモニタが一対一でカーソル位置を対応させることができるため、文字や絵の描画に最適です。

各種メーカーから筆圧対応のペンタブレットが発売されていますが、メーカーが提供しているスペックでは、似た用語でも異なる意味で使われている場合があります。購入前に確認しておくと良いでしょう。

液晶ペンタブレット「Cintiq 13HD touch」（DTH-1300/K0）※

※画像提供：（株）ワコム

On荷重

ペンタブレットは、ペン先を盤面に付けた瞬間に、筆圧を感知するわけではありません。何g（*gram*、グラム）かの負荷が掛かった時に、初めて筆圧を感知します。WACOMは、それを「On荷重」と呼んでいます。

このOn荷重、メーカーによって大きく異なります。ぐっと押し込まないと反応しないペンタブレットもあれば、少ない筆圧で心地良く反応するペンタブレットもあります。

座標の精度、座標の歪みの有無

盤面上の操作をどれだけ繊細に読み取れるか、ということも重要です。パソコンのディスプレイに比べて、盤面の面積は狭いです。手元の小さな操作が、大きなカーソル操作に反映されます。

また、座標の精度だけでなく、座標の歪みがないかも重要です。たとえば盤面の左上にペン先を近づけると座標が大きく狂う、なんてこともあるかもしれません。ペン先とカーソル位置がきちんと対応しているかチェックしましょう。

筆圧レベル

「1024段階の筆圧に対応」のような謳い文句を、見たことがあるかもしれません。残念ながら、同じ「1024段階」でもメーカーによって性能は大きく違います。

たとえば、「軽くペンに力を入れるまでを、1024段階で筆圧を読み取れる」のと、「ぐっと力強く押し込むまでを1024段階で筆圧を読み取れる」のでは、大きく違います。世の中、筆圧が強い人も多いと思うので何とも言えないところではありますが、筆圧の弱い人にとっては、後者の筆圧感知ではほとんどの情報が無駄になってしまいます。

盤面の材質、ペン先の材質

ペンタブレットの盤面は、ザラザラしていたり、つるつるしていたり、

いろいろです。これは完全に好みの問題ですね[注6]。

　ペン先の材質も、いろいろあります。つるつるしたもの、ザラザラしたもの、また同人誌即売会では金属製のペン先を販売している同人サークルもあったりします。

　ペン先は、使っているうちに削れていきます。とくに、ザラザラしているマットシート(*Mat sheet*)はよく削れます。さらに言えば、強く押し付けないと筆圧感知しないペンタブレットでは、さらに強力に削れていきます。

WintabとTablet PC API、ドライバ

　Windowsの場合、ソフトウェア(ペイントツールなどのアプリ)がペンタブレットから筆圧を取得するには、「Wintab」と呼ばれるしくみか、「Tablet PC API」というものを利用します。購入予定のペンタブレットが、使用するソフトウェアが利用しているしくみ(Wintab または Tablet PC API)に対応しているか、調べましょう。

　また、周辺機器であるペンタブレットを使用するには販売しているメーカーが提供するドライバ(*Device driver*、デバイスドライバ)と呼ばれるソフトウェアを導入する必要があります。メーカーが提供しているドライバが、自分が使用しているWindowsやMacに対応しているか、事前に確かめておきましょう[注7]。

注6　筆者個人的にはつるつるの盤面が好きです。一方、盤面の上に紙を敷かないと描けない、なんていう人もいます。

注7　古いペンタブレットの場合、ドライバが最新のOSには対応していない、なんてこともあります。

1.09

さまざまな画像フォーマット

専用画像フォーマットの強み

　JPEGやPNGをはじめ、さまざまな画像フォーマットが存在します。本節では、画像フォーマットとは何かに加えて、各種画像フォーマットのポイントを簡単にまとめておきます。

画像フォーマットとファイルヘッダ

　画像データをファイルに保存したものが画像ファイル（*Image file/Graphics file*）です。

　ファイルにする際、どのようなルールで画像を保存するかを規定したものが画像フォーマット（画像ファイル形式、*Image file format/Graphics file format*）です。よく聞く、JPEG形式やPNG形式などは画像フォーマットの種類です。

　JPEGやPNGなどの形式は、単に拡張子（.jpg/.pngなど）が違うのではなく、データの中身が大きく違っています。

- どんな情報が含まれているのか
- どのような並びでピクセルが格納されているのか
- 画像は圧縮されているのか無圧縮なのか
- どのようなしくみで圧縮しているのか

など、そういった情報がまるっきり異なります。

　多くのファイル形式がファイルヘッダ（*File header*）と呼ばれる、ファイルの先頭に存在するそのファイル形式を特徴付ける情報を保持しています。

ファイルヘッダ

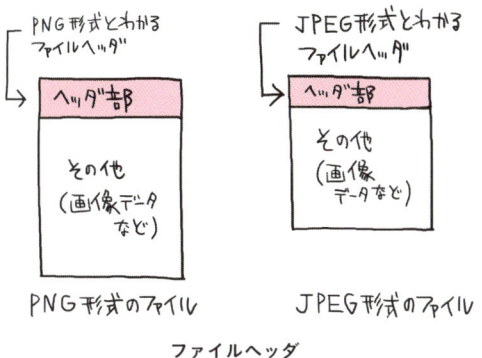

画像ファイルの中身

　画像データに「幅」「高さ」「解像度」などの情報は必須です。どのような画像かはともかく、**画像の幅と高さだけ取得したい**なんてことは多いですから、そういった情報は**ファイルの先頭にまとめて簡単に調べられるようになっています**。

　また、前述のとおり、画像を利用するプログラムが「このファイルは○○形式」というのがわかるような、特徴的なデータも必要です。たとえば、BMP形式ならファイルヘッダに「BM」という文字列が、PSD形式ならファイルヘッダに「8BPS」という文字列が含まれています。

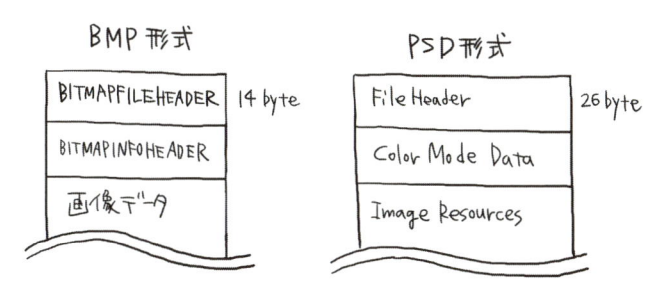

BMP形式とPSD形式のファイルヘッダ

画像フォーマットの大まかな違い

　画像フォーマットにはそれぞれ特徴があります。「既存のフォーマットでは都合が悪いので、新たなフォーマットを作ろう」という意思のもとに作られたはずですから。画像フォーマットの、**それぞれの特徴をよく知った上で利用する**ことが重要です。

　各フォーマットにおいて、以下のような違いがあります。

- データ圧縮方式（無圧縮、可逆圧縮、不可逆圧縮）
- 独自情報の保存（画像編集ツールごとの特殊機能のデータ）
- レイヤー構造の保持
- ピクセル形式の対応（RGB/*Red Green Blue*、CMYK/*Cyan Magenta Yellow Key Plate*など）

　1つめのデータ圧縮方式について補足しておきます。画像には**情報量の少ない部分が多く存在**します。画像の情報量が少ないというのは、「平坦な色の部分」「単純な繰り返しの部分」「滑らかに変化する部分」のような、**色の変化の少ない/単調な部分**です。そういった部分は**データ圧縮**（p.225のコラム参照）という技法を用いて、元よりも小さいデータ容量で保存することができます。

ツールごとの独自機能の保存 ── 専用画像フォーマットを指定する

　画像編集するツールには、独自の機能があります。たとえば、セルシスのCLIP STUDIO PAINTなら3Dモデルの表示、SYSTEMAXのSAIならペン入れレイヤー、ピージーエヌのFireAlpacaには1 bit、8 bitレイヤーなどです。そういった特殊な機能をファイルに保存するには、既存の画像ファイルフォーマットでは対応できないので注意が必要です。特殊機能を使ったデータを保存したい場合、後述するように専用画像フォーマットで保存する必要があります。PNGやJPEGなど一般的な形式で保存してしまうと、独自機能のデータがすべて失われてしまいます。

	圧縮	レイヤー	ピクセル形式の種類
BMP	×	×	○
JPEG	◉ 劣化あり	×	△
PNG	○	×	◉
PSD	△	○	◉

表：おもなフォーマットと特徴

　それでは、広く使われている一般的な画像ファイル形式について、その特徴を見ていきましょう。

BMP形式　読み　ビーエムピー／ビットマップ

　BMP（*Microsoft Windows Bitmap Image*）形式は、**Windowsの標準的な画像フォーマット**です。ピクセルデータを圧縮せずにそのまま保存するのが特徴です（圧縮する形式もありますが、あまり使われていません）。Windows用の画像形式ですし、今の時代、とくに理由がないなら使う必要はないでしょう。

GIF形式　読み　ジフ

　GIF形式は、1987年に考案されたインデックスカラー画像を圧縮するためのフォーマットです。特徴的なのがアニメーション用のデータ（複数の画像）を格納できる「アニメーションGIF」をサポートしているところです。90年代後半、GIFの画像圧縮に用いているLZWという技術を、特許を保有する米国Unisysとライセンスを結ばなければいけないということになり問題になりました。それ以降、特許に問題のないPNG形式が普及するようになりました。LZW技術の特許はすでに失効し、自由に使えるフォーマットになりました。

PNG形式　読み ピング/ピーエヌジー

PNG形式は、元々はおもにWebブラウザで画像を表示する際に用いられていました。Portable Network Graphicsの略なので、ネットーワーク時代に則したデータ形式という感じがします。

今ではさまざまな用途に使われています。**圧縮が効き、ポータビリティ(可搬性)も高い**フォーマットです。**画像が劣化することもなく、透明度の情報**(アルファ値、*Alpha value*)**も保存**できます[注8]。高解像度の写真データでもない限り、このフォーマットで保存しておけば間違いありません。

圧縮(データ圧縮)については、p.225で詳しく触れています。その他、PNGファミリーには、アニメーションをサポートしたMNG/APNGなどのフォーマットも存在しています。

JPEG形式（JPG形式）　読み ジェイペグ

JPEG (*Joint Photographic Experts Group*) 形式は、デジカメで保存される画像や、Webブラウザで表示する写真やイラストに使われます。ただ、基本的にJPEG形式は**不可逆圧縮**のフォーマットです。

不可逆圧縮とは、簡単に言ってしまえば、以下の図のように多少の**データの劣化を許す**ことで**大きく圧縮率を上げる**方式です。不可逆圧縮に関してもp.225で詳しく書いてありますので、興味のある方は参照してみてください。JPEG形式は不可逆圧縮処理によって「モスキートノイズ」「ブロックノイズ」[注9]のようなノイズ(雑音)が生じ、**画像が劣化**します。

余談ですが、JPEG形式は相当昔から存在しており、新しいフォーマットを作るべきでないかという声もあります。しかし、後継フォーマットは提案されても、それがJPEG形式を代替するようなことはありませんでした。一度普及したものを置き換えるのは難しいということでしょう。

注8　透過PNGがどう利用されるかについては、2.5節「画像と画像を合成する」で触れています。
注9　「モスキートノイズ」「ブロックノイズ」については、それぞれ用語集(p.x)を参照。

PSD形式　　読み　ピーエスディー

PSD（*Photoshop Data*）形式は、Adobe Systemsの画像編集ツールPhotoshopの標準形式です。最大の特徴は**レイヤーを含んだデータを保存できる**ことです。一方前述のとおり、各ソフトウェアには独自の専用形式があり、レイヤーを保持したまま保存/読み込みが可能です。したがって、その専用形式を使うに越したことはありませんが、**Photoshop以外のソフトウェア同士**がレイヤーを保持したままデータをやり取りしたい場合に重宝されます。「Photoshopで読み込むために、PSDで保存する」というケースが一番多いでしょう。

仕様（幅や高さはどう保存されているか、レイヤーはどのような構造で保存されているか、など）が公開されているのも大きな特徴ですが、残念ながら、PSD対応のツールであってもPhotoshop以外ではPhotoshopで作成したデータ（PSDファイル）を、他のツールで完全な状態で読み込むのは難しいです。あくまで、基本的な情報（ビットマップのレイヤー情報）だけは読み込める、ぐらいに考えておいた方が良いでしょう。テキスト情報やベクター情報の互換性を維持することは難しいです。

TIFF形式　　読み　ティフ

TIFF（*Tagged Image File Format*）形式は、MicrosoftとAldusによって考案されたフォーマットです。1つの画像の中に、異なる解像度や色数の画像を含めることが可能です。印刷物の入稿に使われることがあります。

EPS形式　　読み　イーピーエス

EPS形式は、ページ記述言語PostScriptを画像ファイルとして扱えるようにしたフォーマットです。Encapsulated PostScriptの略です。

先ほど少し触れましたが、PostScriptはAdobe Systemsによって開発された言語です。プリンタに対して、ピクセルデータを送るのではなく、

解像度に依存しないベクターデータを送り、高品質な出力が行えるようにしたものです。PostScriptはあくまで「プリンタに対する命令列」なので、これを画像ファイルフォーマットとして扱えるようにしたものがEPS形式です。

SVG形式　　読み エスブイジー

　XMLをベースとしたW3Cにより開発されたベクター画像フォーマットです。ピクセルデータとは違って、解像度に依存しない画像を記述できるのが特徴です。ベクター画像やSVG形式についてはp.33で詳しく触れています。

＊　＊　＊

　上記のうち、BMP、GIF、PNG、JPEG、TIFFはビットマップ形式で、SVGはベクター形式です。PSD、EPSは両形式のデータを扱えます。

[重要]専用画像フォーマットについて

　ペイントツールであれば大抵、ソフトウェアごとの専用画像フォーマットがあります。FireAlpacaなら**MDP**形式、CLIP STUDIO PAINTなら**LIP**形式、SAIなら**SAI**形式です。

　画像編集ツールを使う場合、基本的に、**作業中はその専用形式を使って保存してください**。くれぐれも「レイヤーを保存する時はPSD形式を使ってるって友達が言ってた」といった理由で、PSD形式で保存するのは絶対にやめましょう。**何も良いことはありません**。専用形式でもレイヤーは保存されます。

　専用形式は、**高速に保存**できて、**必要な情報をすべて残す**ことができる、**すばらしい形式**です。

　最後にもう一度繰り返しますが、とくに理由がないなら、

アプリの専用形式を使いましょう。

1.10

画像解像度とdpi
「物理サイズ指定のないdpi値は飾りです」

　ペイントツール開発の参考にTwitterやブログを見ていて気づくのは、意外にも画像解像度というものは理解されていないということです。これはちゃんとページを割いて、声を大にして語らなければ……と思い、この項目を書くことにしました。

　本節で、画像解像度、dpiの基本をしっかりと押さえておきましょう。

画像解像度とdpi

　本来、解像度（画像解像度、*Image resolution*）というのは、「物理的なサイズがあってこそ」存在するものです。「ピクセル数」という実世界に存在しない情報が印刷されたり画面に表示されたりした時に、どれくらいの密度を持つかという値です。

　解像度の指定で使われるdpi（ディーピーアイ）は、dot per inchの略です。ドット、パー、インチ、つまり「1 inchあたりのドット数（px）」を表します。1 inch＝2.54cmです。

　同じ1200×1200pxの画像でも、解像度に「100dpi」が指定されている場合と、「600dpi」が指定されている場合では、現実の世界に出力した際のサイズが大きく違います。

　100 dpiということは、1 inchに100 dotが入る密度なので、1200（px）÷100（dpi）＝12 inch（30.48cm）です。

　600 dpiということは、1 inchに600 dotが入る密度なので、1200（px）÷600（dpi）＝2 inch（5.08cm）です。

1inch四方の領域

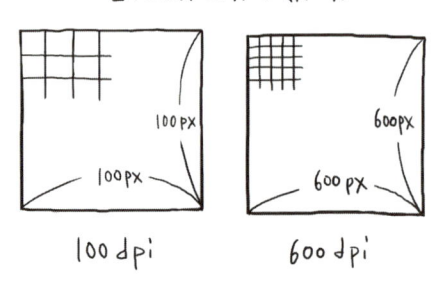

100dpi　　　600dpi

1inchあたりのドット数（ピクセル数）

物理サイズによる指定

そもそも画像を新規作成する際に、ピクセル数で幅と高さを指定するのならdpi値を意識する必要はないはずです。96dpiでも350dpiでも、かまいません。印刷しない、物理的な出力のない画像のdpi値なんて飾りです。

最終的なアウトプットが印刷物なら、最初から物理的なサイズ（cm、inch）とdpiを指定すれば良いでしょう。「物理サイズ」と「dpi」が指定されれば、そこから「ピクセルサイズ」が計算されキャンバスはそのピクセルサイズで新規作成されます。もちろん自分で計算する必要はありません。

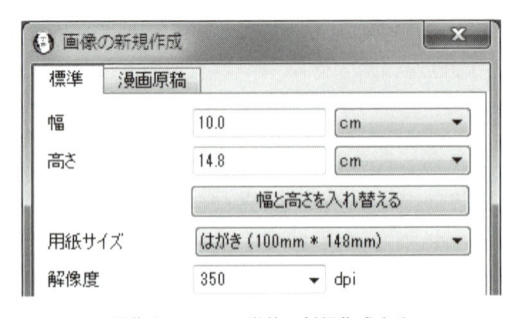

画像をcm/inch単位で新規作成する

もし、イラストや漫画のデジタル原稿を依頼されたら、ピクセル数で指定されていれば、そのピクセル数で制作すれば問題ありません。一方、長さ（cmなど）で指定されている場合、dpi値が指定されていなければデジタル原稿は作れません。素直に「何dpiですか？」と問い合わせましょう。

Column

手ぶれ補正のしくみ

　手の震えや、ペンタブレット盤面の凹凸によるブラシストロークのがたつきを抑える、手ぶれ補正機能。多くのペイントツールで実装されています。

　手ぶれ補正を有効にすると、ペンの処理が少し遅れてくる代わりに、綺麗な線が描けるようになります。このペンの遅れは、マウスやスタイラスから入力される座標を「平滑化」することで発生しています。ここでの平滑化とは、前後の座標の平均値を取ることです。ノイズのような座標をある程度カットすることができます。広い範囲の平均を取るほど座標は滑らかになりますが、過去の座標の影響を受け処理が遅れてしまいます。

1.11

Hello, World!
ここだけは知っておきたいC言語プログラミング

　本書は、なるべく簡単に、図を多用して直感的に理解できるような解説を目指しています。しかし、どうしても**プログラミング言語**を使って**抽象的に**説明したほうがわかりやすい場合があります。足し算や掛け算を考える時に、いつまでもリンゴやバナナに頼っているわけにはいきません。グラフィックス処理について理解を深めるのに、プログラミング言語での抽象的な記述は欠かせません。

プログラムの基本

　プログラミング言語とは、プログラムやアルゴリズムを記述するための言語です。C言語、C++、Java、PHP、Ruby、JavaScript、いろいろなプログラミング言語があります。本書では「C言語」で記述しています。プログラミング言語を記述した文字列(テキスト、テキストファイル)が**コード(ソースコード)**です。

　C言語を含め、ほとんどのソースコードは**テキスト形式**で記述されています。**1行ごとに処理**を記述していき、**上から下に順番に実行**されていきます。たとえば、

```
処理A;
処理B;
処理C;
```

とあったら、「処理Aを行い、続いて処理Bを行い、最後に処理C」を行います。

　プログラムは大きく、

- 計算処理
- 関数
- 分岐処理
- 繰り返し処理

で構成されています(ただし、これはあくまで筆者の考えです)。

以下、本書に出てくるソースコードを読むのに最低限必要なC言語でのプログラミングについて説明します。

計算処理

まずは計算処理です[注10]。

プログラミング言語では計算をする際、**即値**(1.23や512などの数値)の他に、**「変数」という数値や文字の入った箱**(のようなもの)を使って計算を行います。変数には、変数を代入することもできますし、即値(数値)や文字を直接代入することもできます。**代入**とは、その変数に**新しい値をセット**することです。

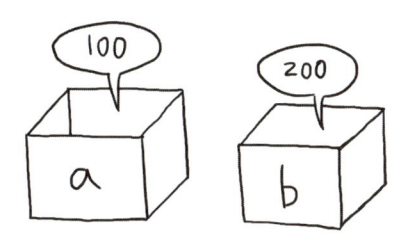

変数という箱

注10 繰り返しになりますが、「1.5 コンピュータ上で画像を表現する」で触れたとおり、計算処理はメモリを介して行われます。

```
int a = 100; // aという変数（int型）に100を代入（1行で変数を宣言して値を代入）
int b = 200; // bという変数に200を代入（同上）
b = 250; // 先ほどのb（int型）にやっぱり250を代入
int c = a + b; // 変数cに350（a + b）が代入される

int m; // mという変数を宣言（使いたい）するだけ
int x,y,z; // xとyとzという変数を宣言するだけ
m = 100; // mに100を代入
```

4行め、int c = a + b;は、「a + bという計算結果を、cという変数に代入する」と読んでください。;(セミコロン)は、文を終わらせる宣言であり、句点のようなものです。//はコメントを意味していて、//の後の文字は無視されます。自分向け(他の人向け)のメモのようなものです。

intというのは、**整数を扱う変数を示す型**(データ型)です。変数にはさまざまな「**型**」があります。intは「**整数のみ**を扱える型」であり、0.33などの小数値は扱えません。一方、**double**という型があり、こちらは「小数を含んだ値も扱える型」です。そのほか、文字だけを使える型(string)などもありますが、本書には出てこないので割愛します。

```
double a = 123; // aという変数（double型）に123を代入
a = 123.45; // やっぱりaに123.45を代入
double b = 0.0123; // bという変数に0.0123を代入
double c = a + b; // 変数cに123.4623が代入される
```

足し算だけでなく、引き算(-)、掛け算(*)、割り算(/)も可能です。

```
double value = 55.5;
value = value - 5.5; // valueに50.0が代入される
value = value * value; // valueに2500が代入される
value = value / 100; // valueに25が代入される
```

変数に1を加える、変数から1を引く、というのは特別に、

```
int a = 100; // aに100を代入
a++; // aの値を1増やす（aの値が101になる）
a--; // aの値を1減らす（aの値が100になる）
```

という、++と--という演算子が行えます。+=や-=という演算子もあり、

```
int b = 200; // bに200を代入
b += 50;  // bに50を足す（bの値が250になる）
b -= 100; // bから100を引く（bの値が150になる）
```

という計算もできます。見やすくていいですね。

　変数には、一度に何個もに宣言できる**配列**というものがあります。以下が配列のイメージです。

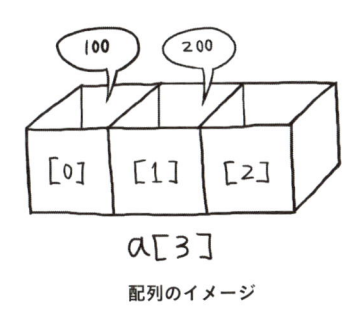

配列のイメージ

　上記図中のa[3]のように、

```
int a[16];
a[0] = 100;
a[1] = 200;
```

と、**変数[変数の個数]**という宣言を行えば、「この変数の中の、何番めの箱」という形で変数を利用できます。a[0]なら0番めの区切り、a[1]なら1番めの区切り、といった具合です。この0や1といった区切りを示す数値を**添字**（*Subscript*、または**インデックス**/*Index*）と言います。見てのとおり、添字は0、1、2……と0から開始します[注11]。

関数

　たとえば球の体積を求めたい場合、半径がrだとすると、

注11　添字が1から始まるプログラミング言語もあります（Pascalなど）。

```
double volume = 4 * 3.14 * r * r * r / 3;
```

で求めることができます。これが1回きりの計算なら、何も問題ありません。ただ、**これが何度も出てくる**ようだと、タイプミスをするなど思わぬ間違いが起きかねません。そして、「円周率は、3.14じゃなくて3.14159で計算しよう」と思った時、そのすべての該当箇所を書き換えるのは大変です。

関数とは、そういった**処理をまとめておく方法**です。

```
double SphereVolume(double r)
{
  double volume = 4 * 3.14 * r * r * r / 3;
  return volume;
}
```

上記は「SphereVolumeという関数を定義する。半径rを渡すと、double型の球の体積を得ることができる（戻り値）」という意味です。**戻り値**とは、**その関数から得られる値**です。「return 戻り値;」で戻り値を指定します。頭が混乱するかもしれませんが、これは慣れてもらうしかありません。こうやって関数を定義しておけば、

```
// ピンポン球（半径＝2cmとする）の体積を求める
double pingPongBall = SphereVolume(2.0);

// サッカーボール（半径＝11cmとする）の体積を求める
double soccerBall = SpereVolume(11.0);
```

と体積を求めることができ、タイプミスや修正を行いやすくなります。関数は、戻り値がなくてもかまいません。**戻り値がない**場合、**void**（空っぽ）を指定します。以下のようなコードがあったとします。

```
void SomeFunc() // ❹
{
  処理C; // ❺
  処理D; // ❻
}

処理A; // ❶ここからスタート
```

```
処理B;    // ❷
SomeFunc();  // ❸SomeFuncの中の処理を行う
処理E;    // ❼
```

関数(ここではSomeFunc())は**呼び出されるまでは勝手に実行されません**。ですから、最初に実行されるのは処理Aです。そして、処理Bと続き、SomeFunc()という関数が呼び出されています。呼び出された関数内で、処理C、処理Dが実行されます。関数は{から}で括った範囲(ブロック)で定義されるので、**関数の最後まで到達**したら、**呼び出し元に戻って**きます。最後に処理Eが実行されます。

分岐処理

次に分岐処理です。プログラムには、「こういう条件の場合のみ、この処理を行う」「この条件の時は、こちらの処理、そうでないなら、こちらの処理」という条件による分岐処理を行えます。たとえば、メタボを判断するプログラムを書くとしましょう。

```
double height = 1.70; // 身長170cm (BMI値ではm単位で計算)
double weight = 60;   // 体重60kg
double BMI = weight / (height * height); // BMI値 = 体重 / 身長の2乗
if (BMI >= 25)
{
  // メタボです。
  metaboFunc();
  metaboFunc2();
}
```

と書くことができます。体格指数の一つであるBMI(*Body Mass Index*)が25以上の時、ブロック内metaboFunc();とmetaboFunc2();が実行されます。上記プログラムのうち、ifは、

```
if (条件文)
```

という、条件を評価するものです。括弧内、すなわち(から)の間の条件式が**真**(正しい)ならブロックの中を実行します。**偽**(正しくない)なら実

行しません。

　条件文の真と偽について、例を挙げてみましょう。

```
int a = 100;
if (a > 50)   // 真（aは50より大きい）
if (a == 100) // 真（aは100だ）
if (a != 100) // 偽（aは100でない）
if (a < 30)   // 偽（aは30未満ではない）
if (a < 100)  // 偽（aは100未満ではない）
if (a <= 100) // 真（aは100以下だ）
```

　<や>や<=や>=や==や!=は、比較演算子です。<(大なり)や>(小なり)はそのままです。<=と>=は、その値を含むかどうか(未満と以下の違い)。==は、同じなら真(イコールなら真)ということです。!=は、異なるなら真という意味です。

```
if (a == 100)
{
  // aが100の場合（真）の処理
  isOneHundred();
}
else
{
  // aが100でない場合（偽）の処理
  notOneHundred();
}
```

と、**else**とブロックを続けることで条件文が偽の時の処理も記述できます。

繰り返し処理

　同じ処理や似たような処理を10回100回と繰り返すのに、同じ処理を、

```
SetPixel(100, 100, pixel); // 座標(100, 100)に点を打つ
SetPixel(101, 100, pixel); // 座標(101, 100)に点を打つ
SetPixel(102, 100, pixel); // 座標(102, 100)に点を打つ
SetPixel(103, 100, pixel); // 座標(103, 100)に点を打つ
.........
......
```

などと、10個100個と並べていられません。プログラミング言語には、

繰り返し処理をするための命令があります。代表的なのが**for文**です。先ほどの命令なら、

```
for (int i=100; i<200; i++)
{
  SetPixel(i, 100, pixel);
}
```

と書けば、ブロックの範囲内の処理を繰り返し行えます。ここでは、int i=100; i<200; i++ とあるのですが、これは「iが100(i=100)から200未満の間(i<200)、iを1つずつ増やしながら(i++)、ブロック内を実行していく」ということです。SetPixelにiが渡されていて、この値がブロック内で変化していきます。先ほどのfor文は、

```
SetPixel(100, 100, pixel);
SetPixel(101, 100, pixel);
SetPixel(102, 100, pixel);
＜中略＞
SetPixel(198, 100, pixel);
SetPixel(199, 100, pixel);
```

と実行されるわけです。

```
for (int i = 10; i<12; i++)
{
  funcOne(i);
  funcTwo(i * 2);
}
```

なら、以下のように実行されます。

```
funcOne(10);
funcTwo(20);
funcOne(11);
funcTwo(22);
```

構造体

最後に、**構造体**について説明します。本書ではピクセルをしばしば表現するのに構造体を用いています。構造体とは、変数内に複数の要素を

含ませ、要素に自由に名前を付けられるものです。配列は0、1、2という数字の添字でしか要素を指定できませんでしたが、たとえば以下のPixelという構造体の場合、A、R、G、Bという名前で要素にアクセスできます。

```
Pixel p;
p.A = 255;  // 不透明度を255
p.R = 128;  // 赤成分を128
p.G = 64;   // 緑成分を64
p.B = 255;  // 青成分を255
```

　ARGBのピクセルを32 bitの数値で表すのではなく、A、R、G、Bの成分ごとに0から255の値で指定することができるようになります。Pixelという構造体を**自分で定義**しておけば、上記のような形で指定できます。本書では「Pixel」というピクセルを表す構造体が定義してあると考えて進めます[注12]。

注12　実際には「Pixel」という構造体を定義する必要がありますが、解説すべき項目が増え過ぎてしまうため、ここでは紙幅の都合により割愛しています。

1.12
「バグった」「落ちた」時に何が起きているのか
よくある問題と、その原因と対策

突然、意味不明なダイアログが表示されて、アプリが強制終了した。何の前触れもなしにウィンドウが突然消失して、作業が水の泡になった。保存したはずのデータが壊れていた。泣いた。

コンピュータを長く使っていれば、多かれ少なかれ、このような経験はしているのではないでしょうか。ソフトウェア開発者を(勝手ながら)代表して謝ります。ごめんなさい。

少し言い訳すると、**大半はプログラムのバグが原因**ですが、**ハードウェアやOSの状態が原因**ということもあるので、もしかするとソフトウェア(を開発したプログラマ)が悪いわけではないかもしれません。自分の環境だと落ちるけど、他の人の環境では問題なく快適に使える、なんてことはよくあります。

ハードウェアには問題がなく**プログラムに問題がある**として、どういった状況がそういったエラーを引き起こすのか、例を挙げていきましょう。

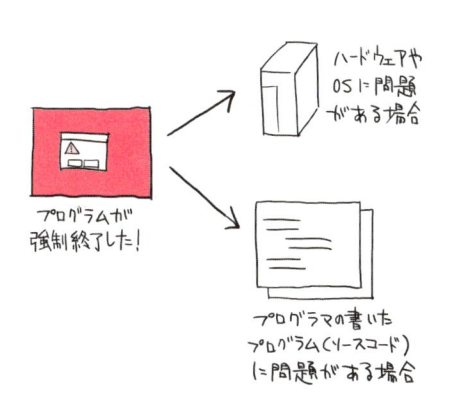

ハードウェアやOSの問題、プログラムの問題

[例❶]メモリが足りない

　先述のとおり、プログラムは頻繁にメモリを要求します。画像はメモリ上のデータとして扱われるので、画像を扱おうとする際、プログラムは必要なメモリをOSに要求します。ここで問題なのは、必ずメモリを確保できるとは限らない、ということです。もしメモリの確保に失敗した場合、画像の書き込み先がありません。

　そうそうメモリが足りなくなることはないですが、メモリを使えば使うほど、大きな画像を扱えば扱うほど、メモリは枯渇していきます。「複数の画像を同時に開かない」など、少し気をつけるだけで安定した作業が行えるかもしれません。

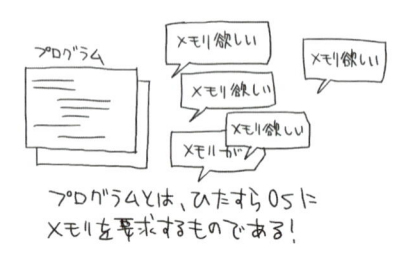

プログラムはメモリなしには生きられない

[例❷]無限ループ

　プログラムは多くの繰り返し処理(ループ処理)によって構成されています(繰り返し処理に関しては、p.56に詳しく書いています)。

　たとえば、画像を塗りつぶすのなら、横方向と縦方向の繰り返し処理の組み合わせになります。画像の一番明るい所を求めるのなら、画像の左上から右下まで、繰り返しチェックしていきます。

　そういった繰り返しを抜けられずに、同じ所をぐるぐると行ったり来たりしてしまう……これがいわゆる無限ループに陥った、という状態です。アプリが固まって応答がなくなり、強制終了させるしかなくなります。

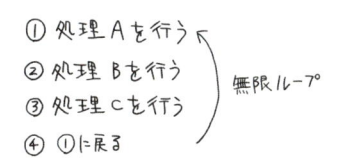

① 処理Aを行う
② 処理Bを行う
③ 処理Cを行う
④ ①に戻る
}無限ループ

無限ループ

[例❸]ゼロ除算

　1÷2は0.5。1÷1は1。1÷0.5は2。では1÷0は何になるでしょうか。
　コンピュータでは、「数値を0（ゼロ）で割った時」に**ゼロ除算**というエラーが発生します。これは座標計算などを行う際に起こしがちなエラーです。プログラミングをする際、「除算を行う前に、0かどうかチェックする」というコード（プログラム）をよく挟みます。
　たとえば、Windowsの電卓アプリで1÷0を試してみると、以下の図左のように「0で割ることはできません」と返ってきます。また、あるアプリでゼロ除算が発生した際には、以下の図右ようにエラーが返ってくるなどします。

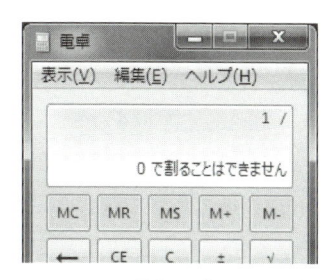

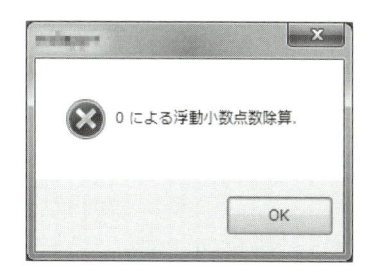

Windowsの電卓アプリで1÷0を試す（左）、アプリでゼロ除算が発生した（右）

[例❹]アクセス違反

　目の前に**3つの箱**があるとします。
　プログラムの世界では、あなたが（存在しない）**4つめの箱**を開けよう

とした瞬間、目の前にエラーダイアログが立ち塞がります。「存在しないはずの箱(データ)に触れようとする」と、容赦なくエラーが発生します。

コンピュータ(CPUやOS)には、**メモリ保護**のしくみがあります。プログラムが確保したメモリ領域**以外**を使おうとしようとすると、**例外**というもの(エラーのようなものです)が発生して、その操作を禁止します。このしくみによって、プログラムAの問題が、システム全体には影響を与えないようになっています。

存在しない箱(メモリ)の中を確かめてはいけない！

確保していないメモリにアクセスしてはいけない

[例❺]ディスク容量が足りない

例❶の「メモリが足りない」とは、別の問題です。画像をファイルとして保存する際、プログラムは「データをディスクに書き込む命令」(fwriteという命令など)を繰り返して、画像ファイルを生成します。ディスク書き込みの命令は、一般的に**失敗してもスルーされる**ことが多いです。「ゼロ除算が発生しました！」のような警告ダイアログが出ることもありません。ディスクへの書き込みが成功したか、書き込むたびに別途チェックをする必要があります。

ですから、知らず知らずのうちにパソコンのディスク容量が足りなくなっていると、ソフトウェアによっては(書き込みエラーのチェックをしていないソフトウェアだと)保存がうまくいかず、最悪の場合では**ファイルが壊れてしまう**ことがあります。

HDD/SSDの容量は常にチェックして、**数GB程度は常に空けておく**ように気をつけましょう。

第 2 章 図形描画

ピクセル徹底攻略

2.01

画像に点を打つ

すべてはここから。
点を打てれば、何でも表現できる

　画像とは、ピクセルが縦横に敷き詰められたものです。
　ピクセルとは、点（小さな正方形）のことです。
　つまり、**点**を適切に配置していけば、どんな画像でも作り出せるわけです。四角形だって、丸だって、線だって、グラデーションだって、**点を打てば表現できます**。写真だってそうです。
　ある位置に、指定した色のピクセルを置く（打つ） という処理を繰り返せば、どんな画像だって作り出せます。点を打つのと、点を取得するのは、**画像処理の基本**です。この基本的なピクセル処理がどう実現されているのか、じっくりと考えていきましょう。

四角形、丸、写真、いずれも点を打てば表現可能※

※図右の写真について、写真もピクセルの集合だとわかるように解像度の低い写真を掲載しています。

メモリを一度に確保する、ライン単位に確保する

　まず、**透明な画像（A、R、G、B、すべて0）**[注1]があったとして、ここ

注1　不透明度Aが0なら透明なので、R、G、Bの値は何でも透明ではありますが、本書ではR、G、B値も0にすることを推奨します。

に点を打つ処理を考えてみましょう。画像はメモリ上に確保されているわけですが、2つの状態のどちらかで確保されている（確保する）ことが多いです。

　①メモリ（ピクセル）が最初から最後まで連続している場合
　②メモリ（ピクセル）がラインごとに確保されている場合

①は、**全体を一度にメモリ確保**する方法で、大変シンプルです。ただし、画像が巨大になると、メモリの確保に失敗する可能性が高くなるリスクがあります。

②は、**ラインごとにメモリを確保**する方法です。メモリの確保の回数が多く、画像作成時の処理のコストは高めになりますが（誤差程度ですが）、一度に多くのメモリを確保しないので、大きな画像でも①より不具合が起こりにくくなるかもしれません（ただし、環境に依存します）。

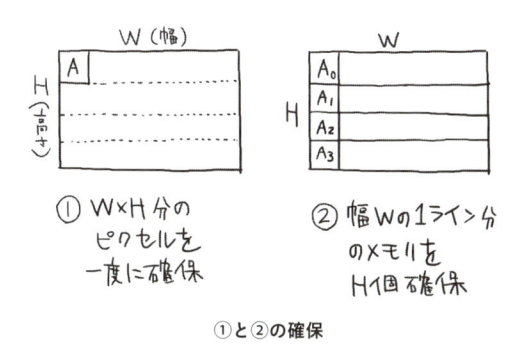

①と②の確保

ここでは、①の方式と仮定して考えてみます。

メモリを確保すると、先頭のアドレスを取得できる

メモリを確保した際に取得できるのは「アドレス」（*Address*）という番地のようなものです。確保したメモリの「先頭」のアドレスを取得します。6 byteのメモリを確保して「1234」というアドレスが返ってきたとしたら、

以下の図のような6 byte分のメモリを自由に使えるようになります。

メモリのアドレスと、メモリの値

ここではアドレスを「1234」と仮定しましたが、実際のアドレスは、32 bit OSなら32 bit、64 bit OSなら64 bitの数値になります。確保したメモリの内容は、初期化されていないことが一般的です。**初期化されていない**ということは、**どんな値が入っているかわからない**ということです。

実際に画像を確保するイメージで考えてみましょう。たとえば、幅5px、高さ3pxのARGB形式の画像を確保したいとします。ARGB形式は「4 byte」でした。面積は幅×高さなので、15になります。各ピクセルが4 byteなので、15×4で60 byteになります。5×3×4 = 60です。

というわけで、「60 byteの領域を確保したい」とOSに頼みます。確保に成功すると先頭アドレスが戻ってくるので、これを「アドレスA」とします。

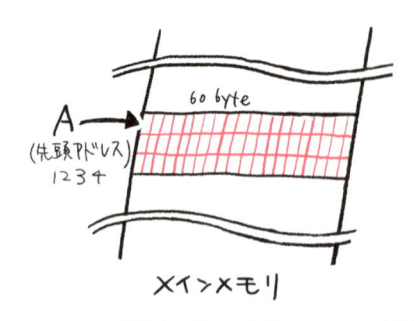

5×3pxの画像を取得し、先頭アドレスAを取得

先頭アドレスからの相対位置を計算する

　点を打つには、指定した座標を元に、このアドレスAからの相対位置を計算します。

　その前に、ピクセル座標の指定方法を決めておきましょう。**ピクセルの座標は(X, Y)**、つまり **(横の座標, 縦の座標)** と指定することにします。(10, 20) とか、(4, 3) などですね。

幅5,高さ3の画像の座標

(0,0)	(1,0)	(2,0)	(3,0)	(4,0)
(0,1)	(1,1)	(2,1)	(3,1)	(4,1)
(0,2)	(1,2)	(2,2)	(3,2)	(4,2)

幅がWなら、0〜W-1、
高さがHなら、0〜H-1を取る

画像のピクセル座標

　以下の図を見てください。たとえば、**左上(0, 0)** に白い点をセットしたいとします。メモリを確保して取得したAの位置が、左上のピクセルですね。

A+0	A+1	A+2	A+3
B	G	R	A

A	A+4	A+8	A+12	A+16
A+20	A+24	A+28	A+32	A+36
A+40	A+44	A+48	A+52	A+56

左上に白い点。各ピクセルにインデックスを付ける

正確に言えば、左上のピクセルの「青」の成分です。**ARGBは青／緑／赤／不透明度の情報が1byteずつ並んだもの**（それぞれ0から255の値を取る）です。ですから、

- A＋0の位置に255をセット（青成分が255）
- A＋1の位置に255をセット（緑成分が255）
- A＋2の位置に255をセット（赤成分が255）
- A＋3の位置に255をセット（不透明度が255）

となります。

もう一つ見ておきましょう。たとえば、以下のような幅5、高さ3の画像の中心(2, 1)に**赤い半透明**の点をセットしたいとします。

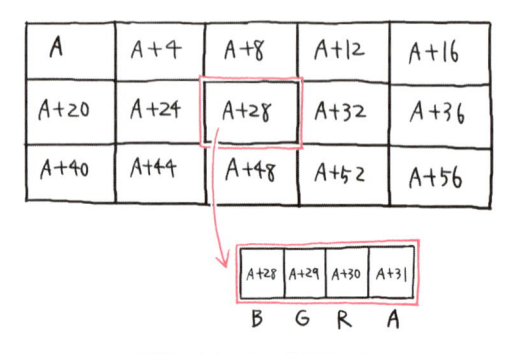

画像の中心に赤い半透明の点

すると、

- A＋28の位置に0をセット（青成分が0）
- A＋29の位置に0をセット（緑成分が0）
- A＋30の位置に255をセット（赤成分が255）
- A＋31の位置に128をセット（不透明度が128）

0から255を取る不透明度の値が128なので、大体半分、半透明（不透明度50％）になります。始点からどれだけずれているかの「28」は、（幅×

Y位置 + X位置) × 4 = (5 × 1 + 2) × 4 = 28 です。

関数として定義する

　このような面倒な計算を、その都度行うのは大変です。先述のとおり、プログラミングでは、**関数**という「よく使う処理をまとめたもの」として定義することができます。その関数を呼ぶ(実行する)ことで、プログラムの命令を減らし、プログラムの見やすさが向上します。具体的には、さまざまな形で定義できますが、

```
点を描画する関数(対象の画像, X座標, Y座標, ピクセルの色);
```

のような形で定義することが多いです。**対象とする画像の情報/X座標/Y座標/ピクセルの色**が必要なので、これを**「引数」と呼ばれるパラメータ**として指定するわけです。本書では今後、

```
SetPixel(画像, 100, 50, 赤);
```

で画像にピクセルを打つ処理を行える、ということにします。「ピクセルをセットする」ということで、この関数の名前はSetPixelです。ピクセルを取得する関数も、

```
GetPixel(画像, X座標, Y座標);
```

で定義します。Pixel p = GetPixel(画像, 100, 50);のような形で使います。画像の範囲外の時は、透明なピクセルを取得するということにします。

　なお、画像生成にはあまり関係ない話なので詳しくは触れませんが、確保したメモリの範囲外にピクセルを打とうとすると、エラーが発生します。確保した画像の幅/高さの範囲外にアクセスしようとした際には、スキップさせるような処理が必要です。

2.02

矩形（長方形）を描画する
一番シンプルな図形の描き方

　点を自由に打てるようになった所で、何か図形を描画してみましょう。とりあえず一番簡単な矩形から始めてみます。ちなみに、読みは「たんけい」ではなくて「くけい」です。「長方形」でも良いですが、業界では「矩形」と呼ぶことが多いです。

矩形の描画方法を考える

　矩形描画の方法ですが、シンプルに考えてみれば、

- 一番上の列を描画して、
- 上から2番めの列を描画して、
- 上から3番めの列を描画して……

と繰り返していけば良さそうです。とりあえず一番上の列を描画してみましょう。もしも幅が100pxの矩形なら、点を100回打つことになりますね。

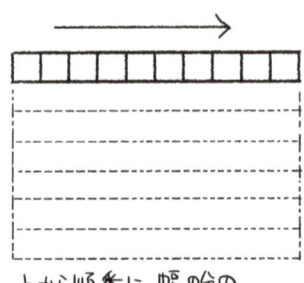

上から順番に、幅の分の
ピクセルを描画していけばよい

ラインごとに点を打っていく

プログラムで考える矩形描画 —— for文の活躍

　ということは、**100pxを塗りつぶす**のに「100回も SetPixel 命令を実行する」必要があるのでしょうか。

```
SetPixel(画像, 0, 0, 赤);
SetPixel(画像, 1, 0, 赤);
SetPixel(画像, 2, 0, 赤);
＜中略＞
SetPixel(画像, 99, 0, 赤);
```

　こんなことを毎回書いていたら、気が遠くなりそうです。

　しかし、前述のとおり、プログラミング言語には「繰り返し命令」というものがあります。たとえば、C言語なら for 文という命令があります。具体的には、以下のようなプログラムになります。何となく、xが**20から49になるまで繰り返す**ように見えてくるでしょうか。

```
for (int x=20; x<=49; x++)
{
    // ここに繰り返したい命令
}
```

　「xという数値の入れ物（変数）が、20から49まで、1ずつ増えていく」のように捉えてみてください。x++は、xの値を**1増やす**ということです。

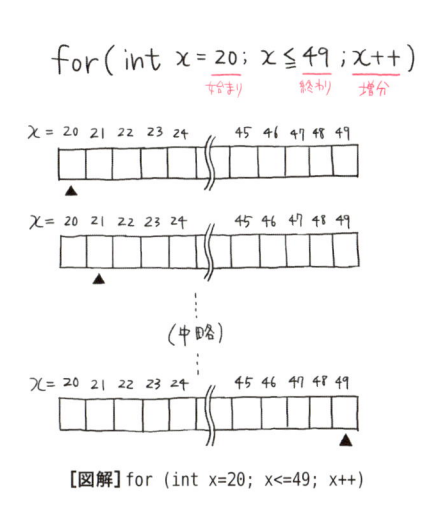

[図解] for (int x=20; x<=49; x++)

というわけで、(20, 20) を始点に、幅30の線を描きたい場合、

```
for (int x=20; x<=49; x++)
{
  SetPixel(画像, x, 20, 赤);
}
```

のような命令を実行すれば良いわけです。30回繰り返す間に、「x」という要素(プログラミング用語では変数)が20、21、22、23 ...＜中略＞... 48、49と変化すると考えましょう。**X座標が1つずつ増えながら点を打っていく**ので、**横のライン**が描かれます。

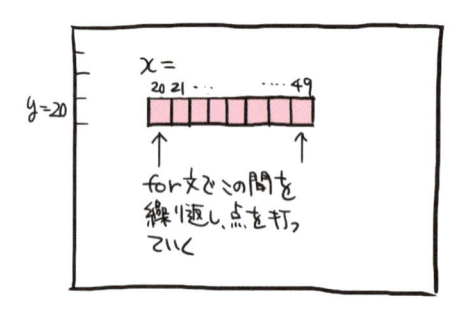

繰り返し点を打っていく

このように、**プログラミングでは「この処理を、これだけ繰り返す」という指定は簡単に行える**ということです。この for (int x=20; x<=49; x++) による繰り返しは**幅の繰り返し**だったので、Y座標をずらす**高さの繰り返しも必要**になります。つまり、

```
for (int y=20; y<=29; y++)
{
  // 縦方向の繰り返し
  for (int x=20; x<=49; x++)
  {
    // 横方向の繰り返し
    SetPixel(画像, x, y, 赤);
  }
}
```

と、**繰り返し命令を二重に実行**すれば、幅と高さを持つ矩形の描画が行われます。プログラミング言語に触れたことがなくても、描画のしくみについて何となくイメージができてきたでしょうか。

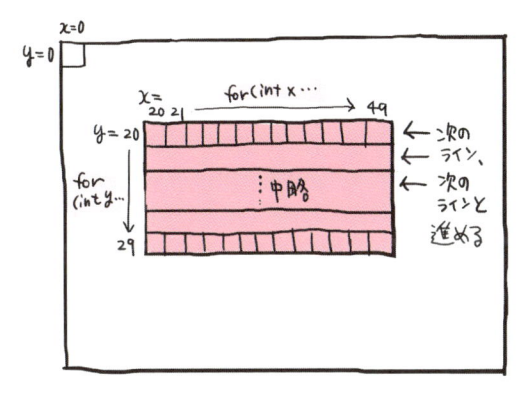

縦のループと横のループ

[補足]横方向か、縦方向か ── キャッシュ機構をうまく使って高速処理

ここで、

- 横のラインを、1本ずつ下にずらして
- 縦のラインを、1本ずつ右にずらして

という選択があったはずです。すなわち、連続して横線を引いていくように点を打つのか、縦線を引いていくように点を打つのか、どちらが良いのでしょうか。以下の図のように、どちらの繰り返しでも最終的に矩形は描画されるはずです。

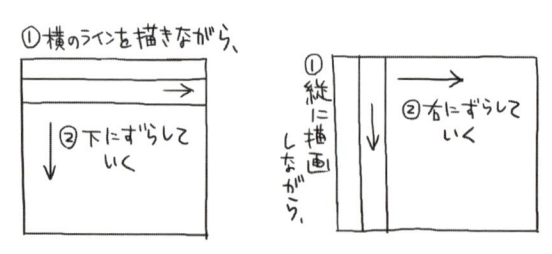

縦横ループで矩形描画

　もちろん、縦ループが内側でもかまいませんが、メモリには**キャッシュ**（*Cache*、キャッシュメモリ）という機構があります。キャッシュ[注2]とは、メモリより高速にアクセスできる一時的なデータ置き場で、**連続したアドレスほど高速処理できます**。連続してメモリにアクセスできる**横方向**に処理していった方が、キャッシュが無駄にならず高速処理が可能です。

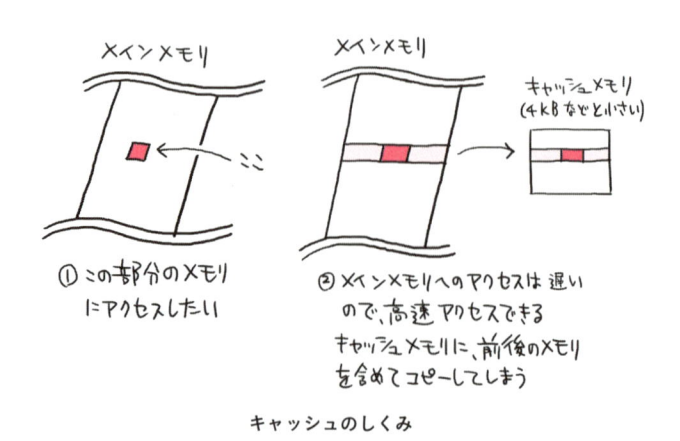

キャッシュのしくみ

注2　CPU内に存在するキャッシュメモリを、L1キャッシュ（*Level 1 cache*）と呼びます。

2.03

ピクセル形式と色深度

今、必要なのは、どのピクセル形式か

　ここまでは、画像のピクセル形式は、一般的な形式である「ARGB」であることを前提に話を進めてきました。

　しかし、他にもたくさんのピクセル形式があります。さらに、最近のいくつかのペイントツールでは、いろいろなピクセル形式のレイヤーを、1つのキャンバス上で組み合わせることができるようになっています。

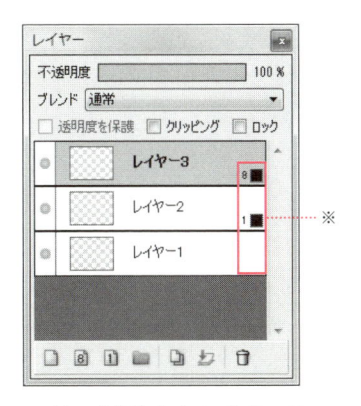

1/8/32 bit レイヤーを混在させている（FireAlpacaの例）
※レイヤー1は32 bitレイヤーです（レイヤー2は1 bit、レイヤー3は8 bit）。

　さまざまなピクセル形式があることを知り、それらの特徴を理解しておくことは、画像の品質を向上させたり、無駄なメモリ確保を抑えて、作業の安定性を向上させることができたりと、メリットが大きいです。

　「今、必要なのはどのピクセル形式か」を正しく判断できるようになりましょう。

RGBカラー（24 bit）

ARGBと同様、RGBカラー（24 bit）は標準的なピクセル形式です。R/G/B（赤/緑/青）すべての成分を1 byte（0から255）で保持しています。

ただ、p.21で触れた32 bitのARGBカラーと違って、A値（不透明度）が存在しません。透明度が重要なレイヤーやキャラクター用の画像には用いられず、あくまで表示用の画像として用いられます。

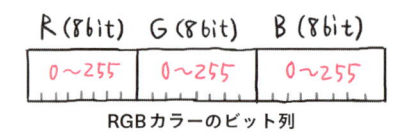

RGBカラーのビット列

RGBカラー（16 bit）

RGBカラー（16 bit）は、R/G/Bを5/5/5 bitや、5/6/5 bitで表現するカラーモードです。5/5/5の時は、上位1 bitは余らせます。RGB 24 bitでは処理が追い付かなかった時代によく使われていました。今ではほとんど使われない形式なので、忘れてもかまいません。

R/G/Bの各成分が32階調（5 bitの場合）しか表現できないので、グラデーションが綺麗に出ません。5/6/5と緑成分だけ1 bit多いのは、人間の目が緑成分の変化にが敏感なので、とくに精度を高くしたいからです。要素が2バイトにまたがるのも処理しづらくなります。

このように、同じRGBカラーでも、1ピクセルあたり24 bitの形式もあれば、16 bitの形式もあります。1ピクセルあたりのビット数を色深度（*Color depth*）と言います。

[図: R(5bit) G(6bit) B(5bit) / R(5bit) G(5bit) B(5bit) ― 最上位ビットは未使用]

RGBカラー（16 bit）のビット列（2種類）

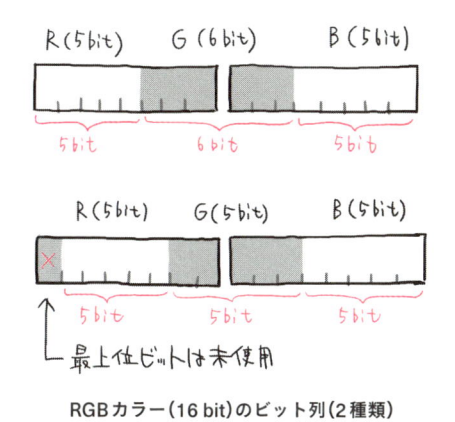

ARGBカラー ——本書の標準的なピクセル形式

ARGBカラーは、RGBカラー（24 bit）に、不透明度の成分A（8 bit）を足したものです。32 bit（4 byte）はCPUの処理の親和性も高く、**不透明度を使わなくても**この形式を使うことは多いです。**透過PNGと言えば、この形式**です。

インデックスカラーとは？ ——パレットを参照するピクセル形式の総称

インデックスカラーとは、パレット（*Palette*）を参照するピクセル形式の**総称**です。パレットは、2色、16色、256色が一般的です。**ピクセルの値はインデックス**（*Index*、**索引**）であり、色そのものでなく、**パレットの番号**（つまりインデックス）を指しています。以下の図のようにパレット数次第で、1 byte内に数px分の情報を保存することができます。

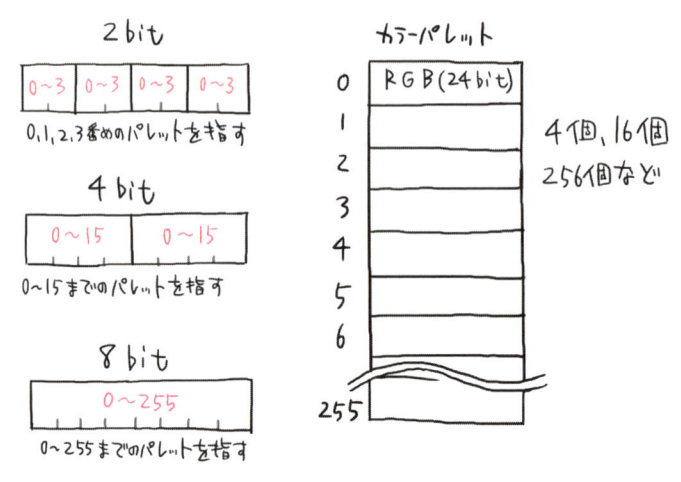

8bitで表現できるピクセル数の違い

16 bitカラー（16 bit/チャンネル）

　16 bitカラー（16 bit/チャンネル） は、ARGB各チャンネル（各成分の画像）が16 bit（65,536段階）割り当てられた、贅沢なピクセル形式です（ARGBで64 bit）。計算誤差に強いのが特徴（p.217を参照）ですが、メモリの消費量が大きい（＝処理も重い）のが難点です。ピクセルの情報量が高いので、ブラシで何度も色を重ねる手法やフィルタ処理を繰り返す写真加工に有用です。

　なお、画面上の表示が綺麗になるわけではありません。あくまで途中の計算のためのフォーマットです。

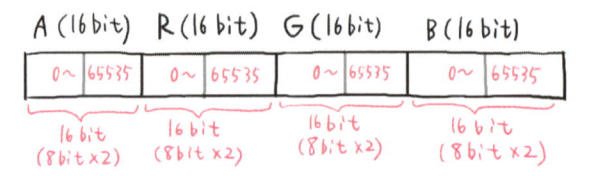

ARGB（各要素が16 bit）のピクセル

グレースケール

　グレースケール（*Gray Scale*）は、濃度 8 bit と不透明度 8 bit の、計 16 bit の形式です。不透明度のない、8 bit のグレースケールも存在します。

　ARGB カラーなら、R/G/B の組み合わせで好きな色を表現できますが、グレースケールの場合は**2 色間のグラデーション**しか表現できない、と考えれば良いでしょう（白～灰色～黒など）。**濃度が 0 なら白、255 なら黒になる**、といった感じです。色（濃度）とは別に、不透明度も扱えます。白黒漫画を描く場合、このグレースケール形式を使えば ARGB 形式に比べ、メモリの使用量が半分で済みます。

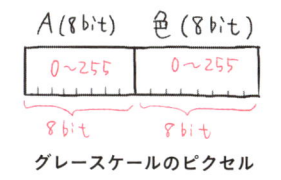

グレースケールのピクセル

8 bit（不透明度のみ）

　8 bit（不透明度のみ）は、あまり一般的ではないですが**不透明度だけ**を持つ形式です。キャンバスに合成する際に、**画像やレイヤーが保持している色情報**（RGB 値など）を使って合成します。ARGB 形式の、A 成分の情報だけを保持していて（不透明度だけの画像）、RGB 値が固定されていると考えるとわかりやすいでしょう。

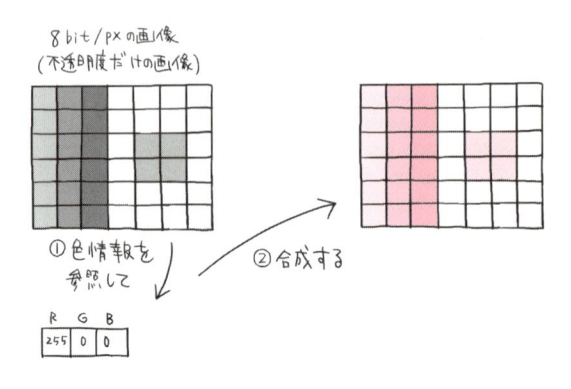

不透明度と、決め打ちのRGB値で合成

ハイダイナミックレンジとは？──OpenEXR形式、Radiance形式

　一概に「白」と言っても、それが物理的にどれくらいの明るさを持っているかはわかりません。同じ写真でも、青空を撮影した時の「雲」の白と、部屋の中で撮影した「ケーキ」の白では、明るさは大きく違います。写真では、あくまで画面内で一番明るい場所を「白」（RGB = 255, 255, 255）としているだけです。

同じ白でも本来の明るさは違う

　雲の白をRGB(255, 255, 255)とすると、凄く広いレンジ（*Range*、範囲）の明るさを0から255の256段階で表現しなければいけません。たとえば明るさを均等に割り当てたとすると、暗い部分の階調が表現できなくなるのが想像できます。いわゆる逆光という状態のように、（雲や太陽に比

べて明るくない）人物や建物が真っ暗になってしまう状態です。

　ケーキの白をRGB(255, 255, 255)とすると、それ以上明るい部分が表現できません。明るい部分が真っ白になってしまう「白飛び」という状態になります。

　ハイダイナミックレンジ画像とは、そういった「精度の低下」や「飽和」が起こらないよう、ダイナミックレンジ（*Dynamic range*、どれだけ光や音の強弱を表現できるかの指針）の広いピクセルを用いた画像のことです。ハイダイナミックレンジ画像では、チャンネル（R、G、Bなどの成分）ごとに**0から255ではなく、それ以上の情報**を含ませることができます。

　たとえば、**OpenEXR**形式[注3]では、HALF（16 bit浮動小数）、FLOAT（32 bit浮動小数）、UINT（32 bit整数）をチャンネル（RGB成分）ごとに持つことができます。また、OpenEXR形式より前から存在する**Radiance**形式（.hdr）は、ピクセルの明るさを表す指数E値（8 bit）と、RGB値（各8 bit）で、効率的にダイナミックレンジの広い色を表現できるフォーマットです。

　ハイダイナミックレンジ画像は、データとしては扱えますが、**画面上では表現できない**ため、通常のRGBにデータを収める（ダイナミックレンジを圧縮する）必要があります。これを**トーンマッピング**（*Tone mapping*）と呼びます。

注3　ILM（Industrial Light & Magic）によるオープン標準のHDRI（*High Dynamic Range Image*、**HDR**）画像ファイルフォーマット。

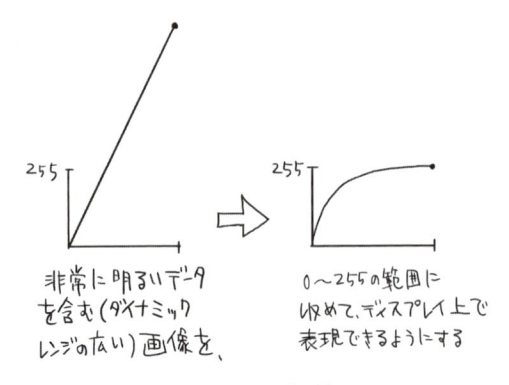

トーンマッピング

　デジタルカメラに「HDR合成」というモードがあります。露出の時間を変えて何枚か撮影することで、異なる明るさの撮影に対応できるようになり(雲を白とした撮影、ケーキを白とした撮影)、その結果を合成することで、明る過ぎる部分や暗過ぎる部分を抑えることができます。ダイナミックレンジの広いデータの写真が撮れるわけではありません。

マルチスペクトル

　これまで、当然のように「色はRGB値で決まる」と言ってきましたが、自然界の色(光)はさまざまな波長の組み合わせで作り出されています。その複雑な波長の光を、網膜の3種類の錐体細胞が、それぞれ別の波長の光を吸収し、それを脳が色として認識しています。

　人間が光をどう認識するかについてはわかりました。では、物体の表面の色はどう決定するのでしょうか。物質ごとに、分光反射率という、どの波長をどれだけ反射するか、という値が異なります。以下の図のように、光の分光分布と物質の分光反射率を掛け合わせたものが、物体の色になります。物質から発する(反射した)、この掛け合わせた分光分布が目に届き、色として認識されるわけです。

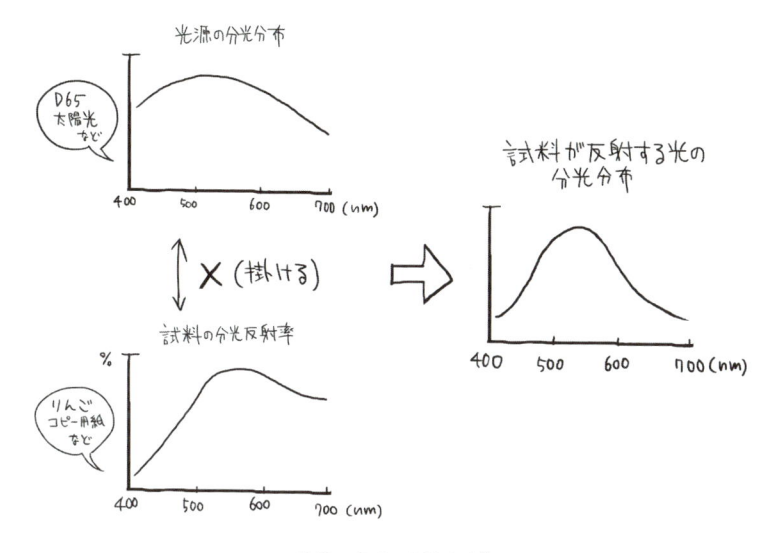

物体の色はこう決まる※

※図中「D65」について、D65光源は、測色などに用いられる太陽光に近い標準光源です。

　色の表現にリアリティを求めるほど、色(光)を**スペクトル**(*Spectrum*、波長/成分による分布)として扱わなければいけなくなります。そういった場合に、RGBの代わりに図のように光を周波数ごとに何バンド(*band*)かに分けて扱うことで、RGB方式では失われる光の表現などが可能になります。このように、**マルチスペクトル**(*Multi-spectrum*)とはスペクトルをRGBの3バンドだけでなく、それ以上に細かく表現することです。

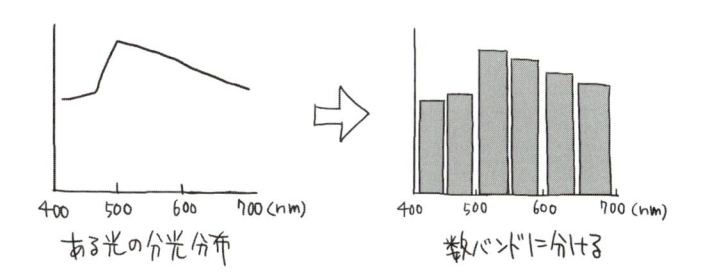

RGB値の代わりに周波数ごとの分布を扱う

YCbCr

YCbCr(ワイシービーシーアール)は、MPEG(*Moving Picture Experts Group*)など動画データの圧縮に使われる形式です。色をRGBで表現するのではなく、Y(輝度)、Cb(青色差)、Cr(赤色差)で表現します。

人間の目は、輝度(明るさ)に対して敏感です。一方、色差については鈍感であり、たとえば以下の図のように、色差成分の解像度を低くしても(4×4pxをひとまとめにしても)なかなか気づけません。この特性を活かして、RGB形式のピクセルをYCbCr形式のピクセルに変換し、CbCr成分を間引く(解像度を減らす)ことで、圧縮率を高めることができます。

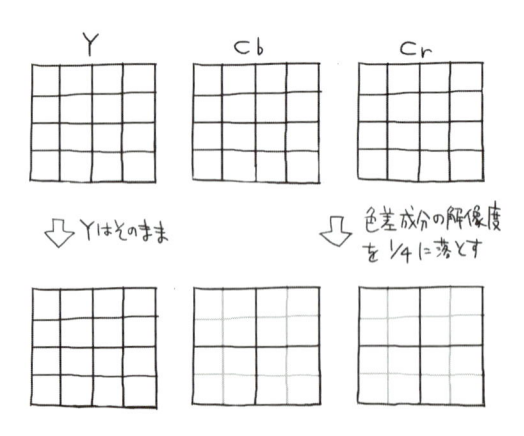

RGBに必要なビット数と、YCbCrに必要なビット数

2.04

半透明を表現する

アルファブレンディングのしくみ

　透明度を考慮してのピクセルや画像を合成する処理を、**アルファブレンディング**（*Alpha blending*）と言います。コンピュータを使っていれば至る所で半透明処理を見かけるので、どのようなものなのかについてはある程度想像がつくでしょう。ここでは、半透明処理の考え方やどのような計算が行われているかを見ていきましょう。

透明度と不透明度

　透明度（*Transparency*）とは「いかに透明か」という値です。透明度を上げる（透明にしていく）というのは、合成した領域について「前景色（手前の色）を、背景色にどれだけ近づけるか」ということです。以下の図を見てみましょう。赤の背景色の上に、黒の前景色を合成しています。

- **前景色しか見えない**状態なら、前景色は**不透明**
- **半分**ぐらい背景に**近づけば**、前景色は**半透明**
- 背景色になってしまえば（背景色しか見えなければ）、前景色は**透明**

ということです。

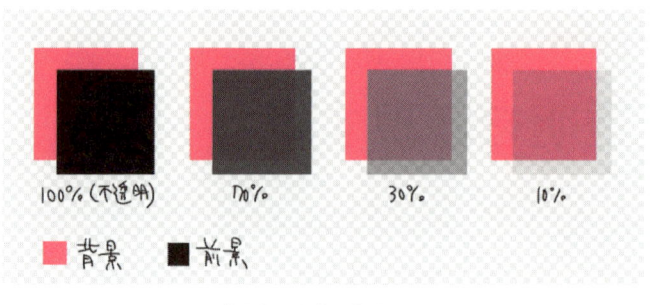

背景色から前景色まで

　不透明度（*Opaque*）という言葉もあります。「いかに不透明か」という値です。不透明度を上げるということは、前景の色に近づけていく / 前景色があらわになる、ということです。

　画像処理では、透明度よりも不透明度がよく使われます。本書でも、半透明を計算する場合、不透明度を用います。

合成色の求め方

　ここでは、不透明度を0（完全に透明）から1（完全に不透明）で表すことにします。0.5なら半透明、0.9ならかなり不透明（微妙に透明）という具合です。背景色をA、前景色をBとした時に、合成色（表示すべき色）Cは、以下の式で計算されます。

$$C = A + (B - A) \times 不透明度$$

　A、B、Cには実際には色を表す数値が入っていると思ってください。
　「B-A」は、「AがBまでに達するのに必要な距離」（AからBの距離）だと考えるとわかりやすいですね。不透明になるほど（1.0に近づくほど）、AからぐぐっとBに近づいていくわけです。実際、不透明度に0を代入すればA（背景色）、1を代入すればB（前景色）になります。以下の図のように考えると、さらに具体的にイメージしやすいでしょう。

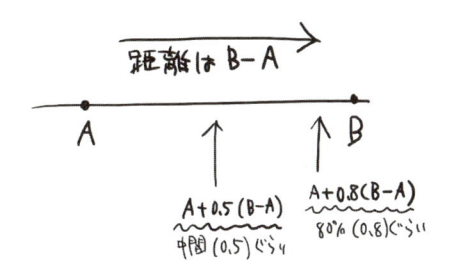

不透明になるほど、Bに近づく

式を変形し、以下でもOKです。こちらの方が一般的かもしれません。

C ＝ A ×（1.0 － 不透明度）＋ B × 不透明度

このような「AからBにどれだけ近づけるか」という計算は**グラフィックス処理では多用される**ので、すぐにイメージできるようになっておくと良いでしょう。

半透明の計算式（RGBの場合）

　ここまでの説明で、半透明処理の考え方について理解できたでしょうか。それでは実際に、RGB形式のピクセルで考えてみることにしましょう。**先ほどの式の計算をR/G/Bの各成分に関して行えば**、カラー画像の半透明合成のできあがりです。

R ＝背景の赤成分 ×（1.0 － 不透明度）＋ 前景の赤成分 × 不透明度
G ＝背景の緑成分 ×（1.0 － 不透明度）＋ 前景の緑成分 × 不透明度
B ＝背景の青成分 ×（1.0 － 不透明度）＋ 前景の青成分 × 不透明度

ということになります。難しく感じるかもしれませんが、たとえば不透明度に「1.0」や「0.0」を代入して確認してみましょう。
　さて、実際にプログラムで見てみましょう。以下では、幅と高さが256pxの画像を半透明で合成しています。

```
double alpha = 0.5; // 不透明度

for (int y=0; y<256; y++)
{
  for (int x=0; x<256; x++)
  {
    Pixel fore = GetPixel(前景の画像, x, y); // 前景色の取得
    Pixel bg = GetPixel(背景の画像, x, y); // 背景色の取得

    // 半透明合成した値をpに
    Pixel p;
    p.R = bg.R * (1.0 - alpha) + fore.R * alpha;
    p.G = bg.G * (1.0 - alpha) + fore.G * alpha;
    p.B = bg.B * (1.0 - alpha) + fore.B * alpha;

    SetPixel(背景の画像, x, y, p);
  }
}
```

以下のように、半透明になります。

市松模様の背景に、25％(左)と75％(右)で合成

今後、以下のような形式で、**半透明の色で合成できるSetPixelA関数**を使用していきます。先に定義したSetPixelと比べて、「不透明度のパラメータ」が追加されている点が異なります。不透明度には、0(透明)から255(不透明)の値が渡る、ということにします。

SetPixelA(画像, X座標, Y座標, 色, 不透明度);

2.05

画像と画像を合成する

コラージュのように

コンピュータで画像を描画（表現）するにはおもに、

❶図形（矩形、多角形、線など）を直接描画する
❷用意した素材（写真、イラスト、ドット絵など）を合成する

という2つの方法があります。これまで、「点を打つ」「線を引く」など、**図形を直接描画する**❶の処理をおもに考えてきました。しかし、プログラムで図形描画の処理だけを使って多彩な表現をするのは難しいです。デザイナーやイラストレーターにさまざまな画像（キャラクター、パターン、ロゴなど）を用意してもらって**コラージュのように合成する**、❷の方法も重要です。

コラージュとCG処理

画像合成の考え方

素材(既存の画像を読み込んだもの)を使った合成には、

❶素材画像
❷合成用の画像
❸(一時的に使用する画像)

が必要です。

❶「素材画像」ですが、グラフィックスツールなどで作成した画像ファイルから読み込んだ画像になります。もちろん、描画処理を駆使してプログラム内で生成してもかまいません。

❷「合成用の画像」とは、合成先の画像です。この画像に対して素材を貼り付け(転送し)ます。パソコンのディスプレイやスマートフォンの画面に表示するための完成画像です。

❸は、一時的に使用したいだけの画像のことで、たとえば素材をぼかして合成したい場合などに、一時的に使用する画像バッファ(*Image buffer*)が必要になります。

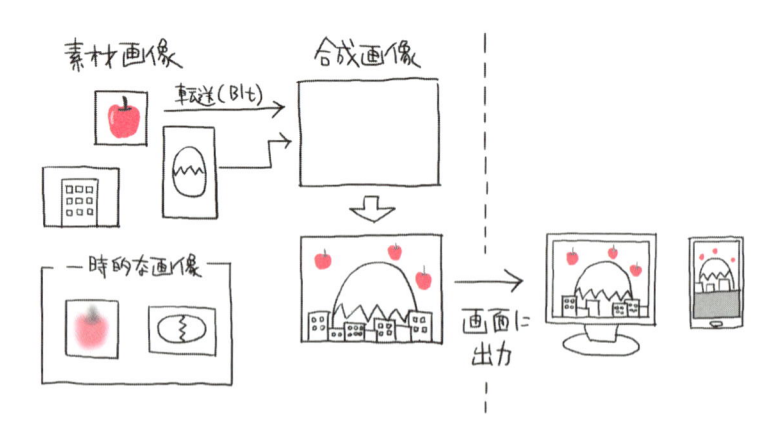

素材画像、合成用の画像、一時的な画像

具体的な合成の手順を見てみましょう。

❶合成用の画像を初期化する（必要ならば）
❷奥に合成したい（たとえば背景用の）画像を合成用に画像に転送する
❸手前に合成したい（たとえばキャラクターの）画像を合成用に画像に転送する

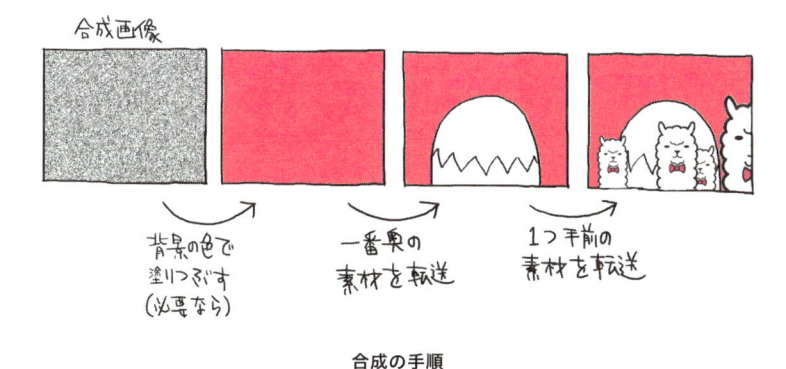

合成の手順

　ここで「転送する」とは何かと言うと、転送元の画像を、転送先の画像（合成用の画像）に貼り付けるような処理のことです。このような処理を、Bit Block Transfer（BitBlt）と呼びます。WindowsのAPIにも「BitBlt」という命令が存在しています。

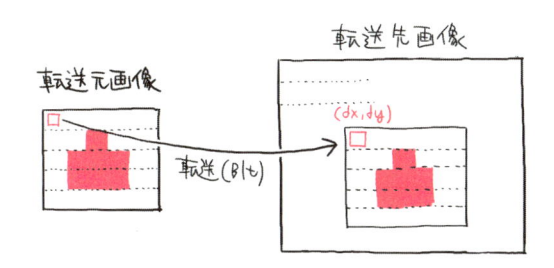

転送元から転送先へのBitBlt処理

そのような画像の転送処理がどう実現されるのか、実際のコードを見てみましょう。転送先の領域、左上の座標を (dx, dy) とし、転送元の画像を256×256px（透過PNGで保存された画像とします）とすると、

```
int dx = 20;
int dy = 20;

// 縦方向のループ
for (int sy=0; sy<256; sy++)
{
  // 横方向のループ
  for (int sx=0; sx<256; sx++)
  {
    Pixel col = GetPixel(転送元画像, sx, sy); // 転送元のピクセルを取得
    int x = dx + sx; // 転送先のx座標を考慮
    int y = dy + sy; // 転送先のy座標を考慮
    SetPixel(転送先画像, x, y, col); // 転送先の画像にピクセルを描画
  }
}
```

というコードになります。一番上のラインを転送して、上から2番めのラインを転送して、上から3番めの……＜中略＞……一番下のラインを転送、という処理になります。「**ピクセルの取得とピクセルの描画さえできれば、どんな画像でも作れる**」というのをよく表しています。

さて、実際にこうやって転送した以下の画像を見てみましょう。キャラクター以外の部分が、黒くなってしまい、**丸っぽいロゴの枠線**が表現できていません。これは**透明な部分が黒く描画されている**からです。

キャラ範囲外が黒くなっている画像

カラーキー転送

「カラーキー転送」という技法があります。「この色の部分は転送しない」というキー(鍵)となる色を指定する画像の転送方法です。ここでは、元画像は透過PNGであり、不透明度情報を保持しているとします。「もしピクセルの不透明度(A)が0なら、そのピクセルは転送しない」という処理を入れてみましょう。

```
for (int sy=0; sy<256; sy++)
{
  for (int sx=0; sx<256; sx++)
  {
    Pixel col = GetPixel(転送元画像, sx, sy);
    if (col.A > 0)
    {
      // 透明でないならピクセル描画
      int x = dx + sx;
      int y = dy + sy;
      SetPixel(転送先画像, x, y, col);
    }
  }
}
```

すると、どうでしょう。以下のように、確かにロゴの形状がはっきりわかるようになりました。

カラーキー転送

しかし、よく見るとキャラクターの周辺(エッジ)でジャギ(*Jaggy*)が目

立っていて、背景に馴染んでいるとは言えません。このような時は、次に説明する「不透明度のパラメータ」を使って合成します。

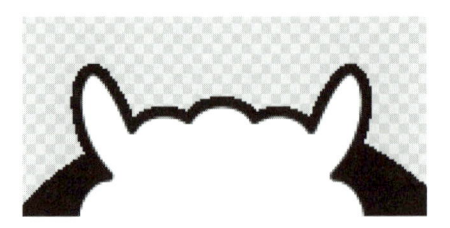

拡大するとジャギが目立つ

アルファ値を考慮して転送する

以下「不透明度のパラメータ」であるアルファ値を考慮した転送処理です。

```
for (int sy=0; sy<256; sy++)
{
  for (int sx=0; sx<256; sx++)
  {
    Pixel col = GetPixel(転送元画像, sx, sy);
    int x = dx + sx;
    int y = dy + sy;
    SetPixelA(転送先画像, x, y, col, col.A);  // 元画像の不透明度を使って合成
  }
}
```

SetPixelAの際にGetPixelで取得したA値を不透明度（0〜255）として渡しています。半透明なピクセルを打てるSetPixelA関数を使えば、透過PNGに保存されているエッジ部分の半透明を表現できます。

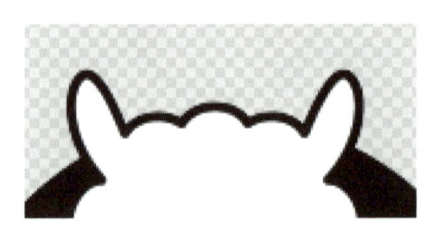

エッジ部分が綺麗に合成された

2.06

点をつなげて直線を描く

斜めの線は難しい

　線を描くのは、グラフィックス処理では基本中の基本です。パソコンやスマートフォンの画面を覗けば、至る所に直線が引かれていることに気づきます。線の描画は**基本的な考え方が多く学べる**格好の題材です。

　とくに「**斜めの線**」は、先述の矩形で用いた「**水平の線**」と違って、厳密な表現はできません。線には形状があり、太さ（面積）があるからです。ただ、いきなり「形状は？」「太さは？」などと考えると難し過ぎるので、とりあえず「**1pxのドットを繋げて線に見せる**」ことを目標にしましょう。

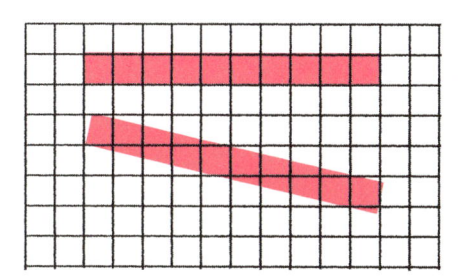

垂直/水平の線はピクセルにぴったり収まるが、斜めの線はピクセルにぴったり収まらない

斜めの線は正確に表現できない

　縦横の線を描画するのは座標を1つずつずらして点を打つだけで可能でしたが、斜めの線を描くにはどうすれば良いのでしょうか。

　本題に入る前に、ピクセルと座標指定について整理しておきましょう。なお、ピクセル座標の指定方法についてはp.64の「画像に点を打つ」節で解説してありますので、必要に応じて参照しておいてください。

座標指定

さて、(0,0) から (4,3) の線を描画したいとします。以下のどちらをイメージしたら良いのでしょうか。数学で学ぶような座標(X軸・Y軸)で考えると、X軸とY軸の交差する点が**原点(0, 0)**なので、左が正しいように思えます。

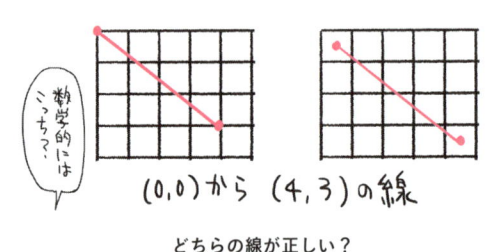

どちらの線が正しい？

点を打つ、から考える

しかし、そもそも、点を打つとはどのようなことだったでしょうか。

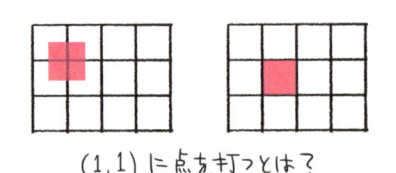

(1, 1)に点を打つとは？

(1, 1) の位置に点を打つとして、上記のどちらを想像するでしょうか。これは右が正しいと思えるでしょう。ここでは、(1, 1) の位置にピクセルを描画するということは、**この格子にぴったり収まるような位置に描画する**と考えることにします。すると、以下の図のようなピクセルの中心部分が、ピクセルの整数座標ということになります。

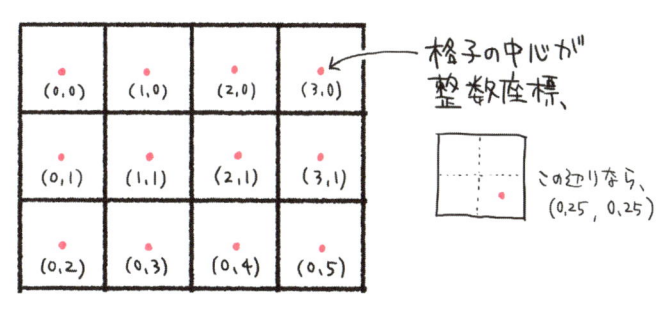

ピクセルの座標

ということは、先述の線の例(前ページの上の図「どちらの線が正しい？」)も、右側で考えるのが自然ですね。

斜めの線を引く方法

準備も終わりましたので、線を引く方法を考えてみましょう。先ほどの、(0, 0) から (4, 3) の線ですが、横に1つずれるごとに、3/4ずつ下に進めば (4, 3) に到達します。

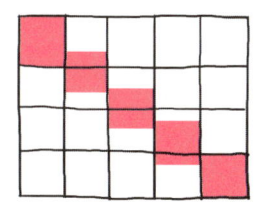

横に進めるごとに、縦に3/4ずつずらす

- (0, 0) に点を打つ
- (1, 3/4) に点を打つ
- (2, 6/4) に点を打つ
- (3, 9/4) に点を打つ
- (4, 12/4) に点を打つ

さて、ここで、0.75などの微妙な座標(小数座標)が出てしまいました。
四捨五入して、近い方のピクセルに収めてしまいましょう。

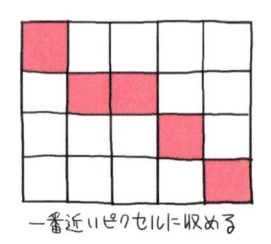

半端な位置にある点を一番近い格子に収める

次に、縦方向に長い斜めの線を描画してみます。あれ、繋がらない？

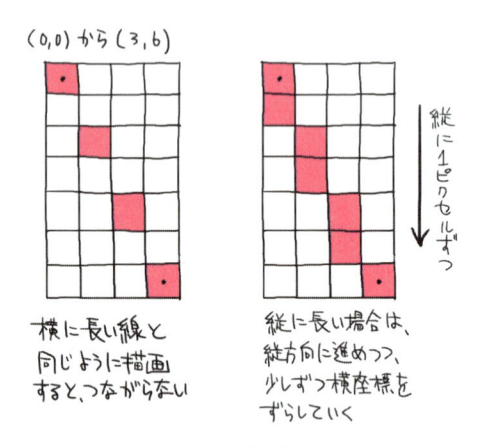

縦に長い線は、縦方向に進める

このような場合は、縦方向に1pxずつ進め、微妙に横方向にずらしていけば良いです。実際の描画方法については次節で具体的に取り上げて見てみることにしましょう。

2.07

アンチエイリアシング処理した直線を引く
不透明度を駆使して滑らかな線を引く

　点を打って引いた直線や図形はガタガタになりがちです。そんなときには、**アンチエイリアシング処理**(*Anti-aliasing*)を行うと、滑らかな直線や図形を描画することができます。順を追って見ていきましょう。

まずはプログラムから

　まずは、前節で取り上げた直線の描画をプログラムで表現してみます。

```
int x1 = 10; // 始点座標(x1, y1)
int y1 = 10;
int x2 = 55; // 終点座標(x2, y2)
int y2 = 30;

// x座標に1px進んだ時のy座標の増分 (0.444)
double deltaY = (double)(y2 - y1) / (x2 - x1);

// y座標の始点 y1
double py = y1;

for (int x=x1; x<=x2; x++)
{
  int iy = (int)py;  // ❶描画する点のy座標
  double f = py - iy; // pyの小数部の取得 (1.23なら0.23を取得)
  if (f >= 0.5) iy = iy + 1;  // ❷下のピクセルの方が近い

  SetPixel(画像, x, iy, 黒色);

  // y座標をdeltaYだけ進める
  py = py + deltaY;
}
```

途中❶`int iy = (int)py;`という処理がありますが、これはy座標py の整数部を取得しています。pyは小数も許容する型doubleなので、0.333 でも12.34でも表現できますが、intは整数しか扱えないので、0.333は0 に、12.34は12になります。元の値から整数に切り捨てた値を減算すれ ば、小数部分が取得できるということです。

小数部が0.5より大きいなら、下のピクセルの方が近いので、描画対象 を下のピクセルにしている、というのが❷`if (f >= 0.5) iy = iy + 1;` という処理です。

以下の図が出力結果ですが、拡大して見るとジャギジャギで、あまり 綺麗に見えません。ピクセルがデジタル画像の最小単位だから仕方ない とは言え、これは何とかならないのでしょうか。

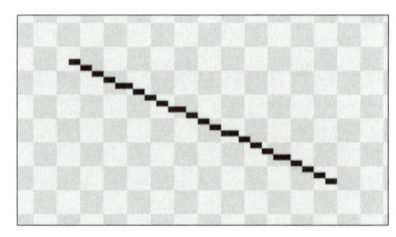

拡大してみるとガタガタな直線

先ほどのプログラムの問題と、その対策

先ほどの説明や上記のプログラムでは、微妙な座標の時に無理矢理ど ちらかの格子に丸めてしまっていました。しかし本来は「2つの格子にま たがっていた」わけですよね。しかし、ピクセルを分割するわけには行き ません。どうしたら良いのでしょうか。

「1/4(25%)だけ覆っている」「3/4(75%)覆っている」という状態を、何 とか表現することはできないでしょうか。このような時は、半透明処理 を活用しましょう。

「25%覆う」ということは「25%影響する」、つまり「不透明度25%」と考 えます。「50%覆う」ということは「50%影響する」、つまり「不透明度50

%」と考えます。

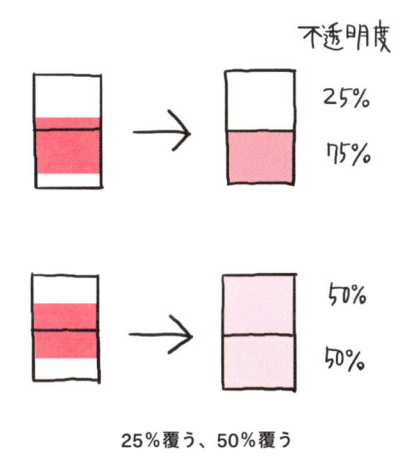

25％覆う、50％覆う

アンチエイリアシング処理を行う

　こういう、「ピクセル化することによってジャギる現象を、半透明や中間色で改善する」ことを、画像処理では**アンチエイリアシング**と呼びます。Anti + Aliasingで、アンチエイリアシング。エイリアシング（画像のギザギザ）の反対、要は「エイリアシングが出ないように頑張る」ということですね。

　ではさっそく、アンチエイリアシング処理をして、このガタガタな線を滑らかに見せましょう。先ほどのプログラムを元に、**2つのピクセルにまたがる処理**を加えます。

　以下のプログラムでは、int a = (int)(f * 256);で、不透明度を計算しています。プログラム中の重複するコメントは削除しています。小数部分が小さいほど、ピクセルにぴったり収まっているので、そのピクセルを不透明に描画します。小数部分が大きくなるほど、下のピクセルを覆っていくことがわかります。fは0.0 ≦ f < 1.0の値を取るので、aは0から255の値になります。

```
int x1 = 10;
int y1 = 10;
int x2 = 55;
int y2 = 30;
double deltaY = (double)(y2 - y1) / (x2 - x1);

double py = y1;
for (int x=x1; x<=x2; x++)
{
  int iy = (int)py;
  double f = py - iy;

  // 下のピクセルに近いほどaは255に近づく
  int a = (int)(f * 256);

  // 2ピクセルにまたがるので、2ヵ所に点を打つ
  SetPixelA(画像, x, iy, 黒, 255 - a);
  SetPixelA(画像, x, iy+1, 黒, a);

  py = py + deltaY;
}
```

以下の図が出力結果です。色の変化が激しい部分に半透明のピクセルが挿入され、ディスプレイ上で等倍で見ると滑らかな直線に見えるようになっています。

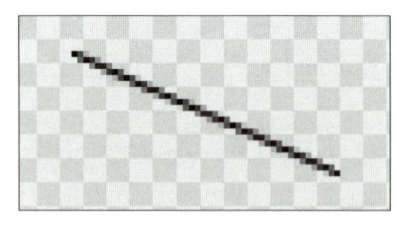

2つのピクセルにまたがるのを不透明度で表現した直線（拡大表示）

2.08

円を描画する
スーパーサンプリングで綺麗に描く

　続いて、丸を塗りつぶして円を描画してみましょう。これは、ブラシストローク（*Brushstroke*）の描画（ブラシ処理＝円を並べたもの）などにも使う、ペイントツールの基本的な処理です。

↓

↓ より細かい間隔で

円を並べてストローク

円を描く考え方

　円を描く考え方はシンプルです。

　中心からの距離が、半径より小さければ内側、大きければ外側となります。これをどうプログラムで表現するかが問題です。

半径rの円

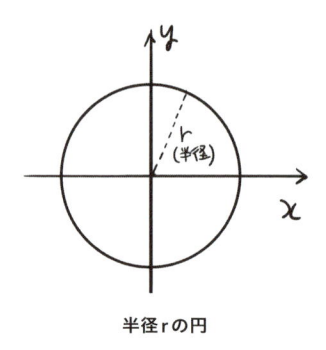

　描画したい画像全体(最小限の範囲が好ましいですが)に対して、「円の中心」と「調べたい位置(ピクセルの位置)」の距離を調べていきます。距離は以下の式で求められます(中学校で習った方が多いでしょう)。

$$距離 = \sqrt{横方向の距離^2 + 縦方向の距離^2}$$

平方根(ルート、$\sqrt{\ }$)の計算は重いので、両辺を2乗して、

$$距離^2 = 横方向の距離^2 + 縦方向の距離^2$$

にすると、処理の負荷が下がります。あくまで比較したいだけなので、わざわざ平方根を求める(正確な距離で比較する)必要はありません。
　ちなみに、平方根/Sin/Cosなどの計算は、コンピュータでは負荷の高い処理です。可能な限り、加算/減算/乗算で済ませたいものです。また、除算も重めの処理なので、なくせるものならなくしたいところです。

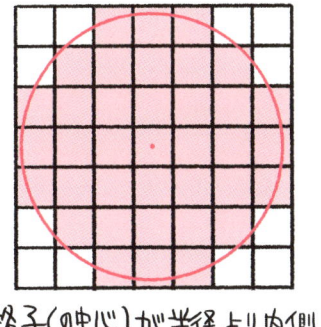

格子(の中心)が半径より内側?

中心からの距離が半径以内なら、描画

円を描くプログラム ──とりあえずガタガタでも良い

以上をまとめると、

❶円が描画されそうな範囲の全ピクセルに対して、
❷円の中心から、各ピクセルの距離を求め、
❸その距離が半径より小さかったら、点を打つ

といったところでしょうか。

上記を、プログラムで考えてみましょう。幅40px高さ30pxの画像に対して、中心座標(20, 15)に、半径10pxの赤い円を描いてみます。

```
int cx = 20; // 円の中心（X座標）
int cy = 15; // 円の中心（Y座標）
int r = 10;  // 半径
int r2 = r * r; // 半径を2乗したもの

for (int y=0; y<30; y++)
{
  for (int x=0; x<40; x++)
  {
    int dx = x - cx; // 現座標と円の中心のX距離
    int dy = y - cy; // 現座標と円の中心のY距離

    // 距離の2乗を求める
```

```
    int distance = dx*dx + dy*dy;

    if (distance < r2)
    {
      // 半径より内側なら、赤い点を打つ
      SetPixel(画像, x, y, 赤);
    }
  }
}
```

　さて出力結果は以下の図のとおりですが、「円」とは呼びがたい**ガタガタさ**ですね。線の描画の時のように、**ピクセルの一部しか覆ってなかった**エッジの部分（p.105の図）を、**描画する/描画しない**という大雑把な処理をしているのですから当然です。本来、**ピクセルがどれだけ覆っているか**をちゃんと計算すべきです。

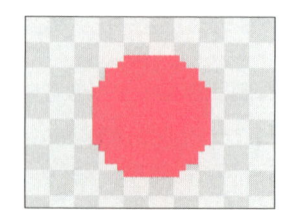

出力結果

スーパーサンプリングとサブピクセル──綺麗な円へ

　ピクセル内で、さらに細かく内側か外側かを計算しましょう。ピクセル内をさらに細分化してサンプリング（**スーパーサンプリング**、*Supersampling*）したピクセルを**サブピクセル**（*Subpixel*）と呼びます。たとえば、1pxを、縦と横にさらに5分割した場合、26段階の濃度表現が可能になります。1pxのうち、どれくらいの**割合**を覆っているかが正確にわかれば、それを**不透明度**として利用できます。

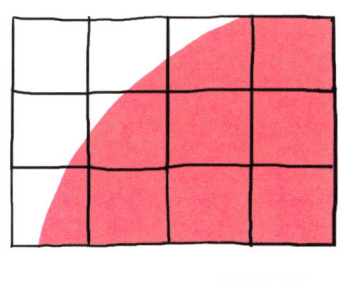

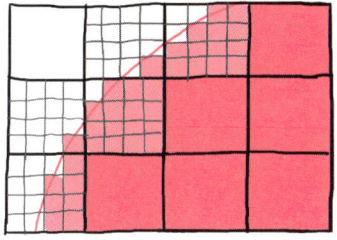

サブピクセルを考慮

```
double cx = 20; // 円の中心（X座標）
double cy = 15; // 円の中心（Y座標）
double r = 10;  // 半径
double r2 = r * r; // 半径を2乗したもの

int div = 5; // 分割数
double delta = 1.0 / div; // 0.2

for (int y=0; y<30; y++)
{
  for (int x=0; x<40; x++)
  {
    // サブピクセルが円の内側に何個あるかのカウント
    int insideCount = 0;

    // サブピクセル計算、ここから
    for (int n=0; n<div; n++)
    {
      for (int m=0; m<div; m++)
      {
        // 現在の座標に
        double dx = x - cx;
        double dy = y - cy;
        dx = dx + delta * m;
```

```
        dy = dy + delta * n;

        double distance = dx*dx + dy*dy;

        if (distance < r2)
        {
          insideCount = insideCount + 1;
        }
      }
    }
    // サブピクセル計算、ここまで

    // 点を打つ（内側のカウント分だけ濃くする）
    int alpha = 255 * insideCount / (div * div);
    SetPixelA(画像, x, y, 赤, alpha);
  }
}
```

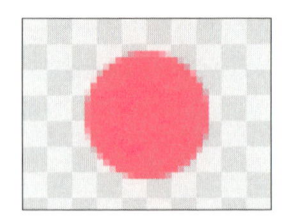

サブサンプリング（1pxを16分割）

　サブピクセルということは、**座標計算に小数値が必要**になるということです。ですから、座標をint（整数型）でなくdouble（小数型）で計算することにします。

　上の図を見るとわかるように、かなり綺麗になりましたね。同じ解像度なのに大違いです。

　先ほどのプログラムのままだと計算量は膨大になって問題ですが、**サブピクセル計算を最小限にする**（ほとんどの箇所で必要ないはず）などまだまだ工夫の余地はあります。興味のある方はぜひいろいろと試してみてください。

2.09
三角形の描画❶ （外積を使う方法）
三角形の内側か、外側か

　三角形も円と同じように「**3点の内側か外側か**」を判定して、内側だけピクセルを描画すれば良さそうです。しかし、そんな判別方法、高校でも習っていないはずです。どうすれば判定できるのでしょうか。

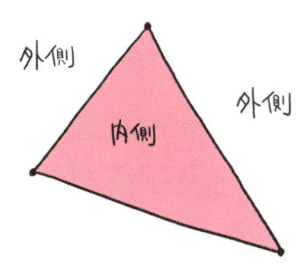

3点の内側と外側を判別したい

　数学に「**外積**（がいせき）」という演算があります。簡単に言ってしまえば、2つのベクトルが作る垂直方向のベクトルのことです。

　「ベクトル」については、言葉で説明するよりイメージを持った方が良いでしょう。以下の図を見てみましょう。単純に言ってしまえば、「矢印みたいなもの」です。**方向**があって、**大きさ**（**長さ**）がある値のことです。縦横の空間なら**2次元のベクトル**、縦横＋奥行の空間なら**3次元のベクトル**になります。

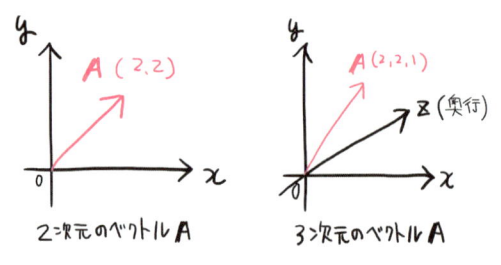

ベクトルの簡単なイメージ

外積を作る

　ベクトルが2つ(以下の図の①)あれば、**その2つのベクトルが通る面**(以下の図の②)が作れそうな気がしませんか。面が作れたなら、**垂直方向のベクトル**(以下の図の③)が作れそうです。垂直方向のベクトルは**表側と裏側に2つ**できます。この2つのベクトルが**外積**(と**逆向きの外積**)です。

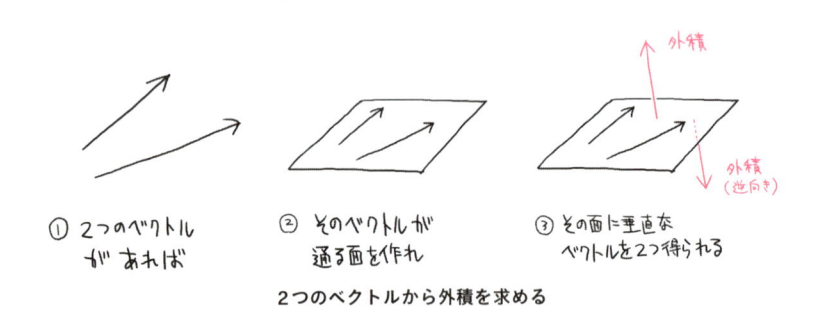

2つのベクトルから外積を求める

　以下の図が外積の定義です。ベクトルAとBがあったとします。AをB方向に回転(AとBのベクトルの根本をくっつけた状態で)させた時の、**右ねじの進行方向**が、外積(の方向)になります。BをA方向に回転させれば、外積は**逆向き**になります。

外積の定義

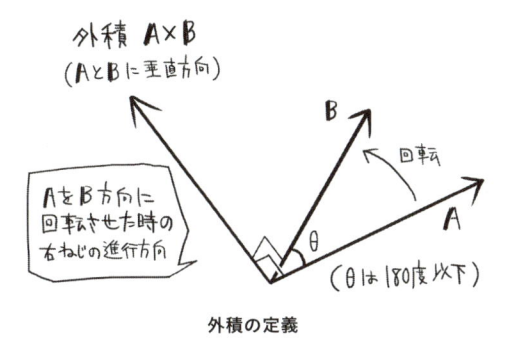

外積の方向を利用する

　この外積の特徴を利用して、**三角形の内外判定**を行います。以下の図を見てみましょう。三角形のある頂点から、「別の頂点に向かったベクトル」と「判定する点Pに向かったベクトル」から外積を作ることができます。

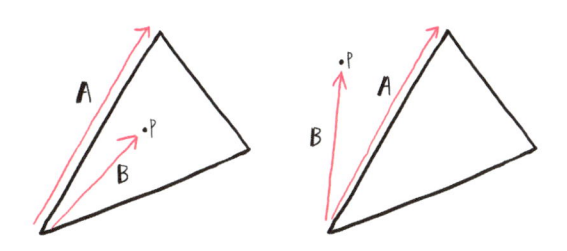

「辺」と「頂点から点」が作るベクトルが作る外積

　もちろん三角形は頂点が3つあるので、このようなベクトルAとBは以下の図のように、右回りに3パターン作れます。

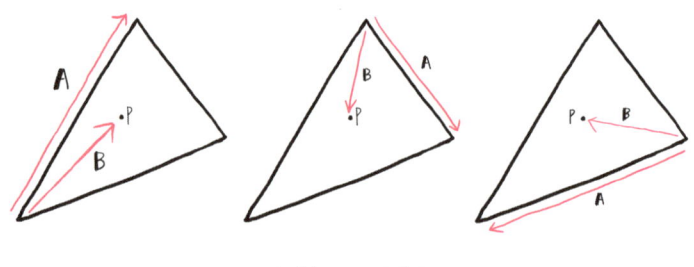

3パターンのAとB

このようにして作った**外積の方向**は、**点Pが3点の内側ならすべて同じ方向を向きます。**

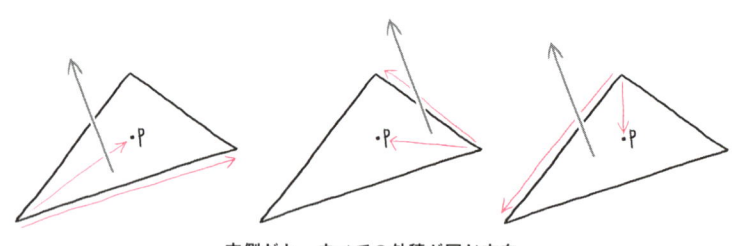

内側だと、すべての外積が同じ方向

そうでない（点Pが3点の外側）なら、**どれかが逆を向いてしまいます。**

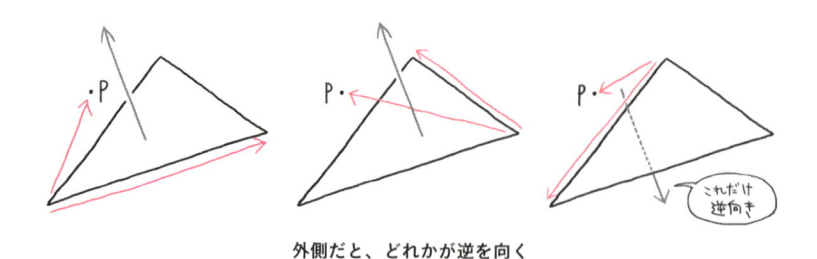

これだけ逆向き

外側だと、どれかが逆を向く

2次元の平面（X軸・Y軸）から作られる外積は、その面に垂直な**Z軸方向のベクトル**になります。つまり、**Z成分がプラスかマイナスか**で方向を判定することができます。

あとは円と同じように、画像全体（または3点を含む最小限の範囲）に対して「どの外積も同じ方向を向いていれば内側、そうでないなら外側」という計算を行い、内側だった場合には点を打っていけば、三角形が描画されます。

しかし、この方法は**無駄に複雑**なので、もうちょっとシンプルな方法で三角形を描画する方法を考えてみましょう。

Column

内積はあるの？

「『外積』があるなら『内積』もあるの？」と思われるかもしれません。はい、あります。

内積は、2つのベクトルが「どれだけ同じ方向を向いているか？」を求めることができる計算です。2つのベクトル A(x1, y1) と B(x2, y2) があるとして、x1 * x2 + y1 * y2 が内積となります（3次元のベクトルなら、x1*x2 + y1*y2 + z1*z2）。2つのベクトルの大きさがどちらも1とすると、内積が1.0なら、2つのベクトルはまったく同じ方向を向いています。0なら、直交しています。-1.0なら、完全に逆向きのベクトルになります。

内積はグラフィックス処理ではよく使われ、たとえば3DCGの陰影の計算（平行光源とポリゴンの面法線の内積）などが代表的です。

2.10
三角形の描画❷ (交点を求める方法)
左右の辺の間を塗りつぶす

　外積を使って三角形を描画する方法はわかりました。しかし、すべてのピクセルに対して外積を求めて判定して……というのは負荷が大きそうです。プログラムは、いかに高速処理するかが鍵です。

辺と辺の間を塗りつぶして三角形を描く

　そもそも、三角形を描くなら辺と辺の間を塗りつぶすだけで良さそうです。

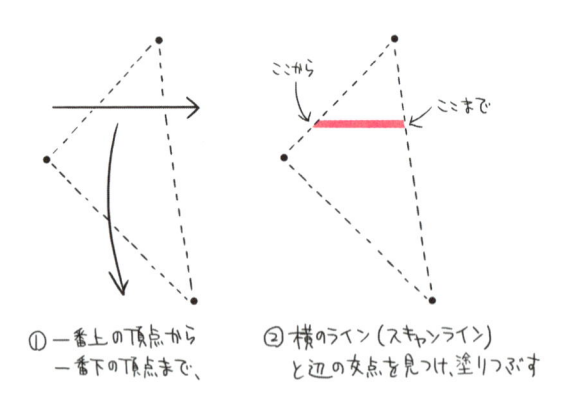

①一番上の頂点から一番下の頂点まで、　②横のライン（スキャンライン）と辺の交点を見つけ、塗りつぶす

辺と辺の間を塗りつぶしていけばいい

①3つの頂点の、一番上から一番下の範囲を求める
②①の範囲を上から順に、辺と水平線の交点（左右2ヵ所）を求める
③交点間を塗りつぶしていく

左右端の被覆率を求める

以下の図のような三角形が描けるはずです。

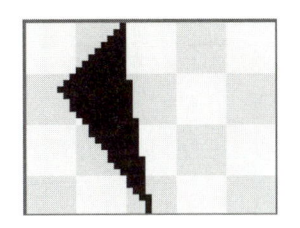

辺とラインの交点間を塗りつぶす

これも、円と同じでエッジのジャギが目立つので、アンチエイリアシング処理が必要そうです。ライン処理の応用だと考えて、**塗りつぶしの左端/右端の被覆率を求め、半透明描画**してみます。ラインと辺の交差する点において、左端が10.75で右端が15.50だとしたら、以下の図のようになります。

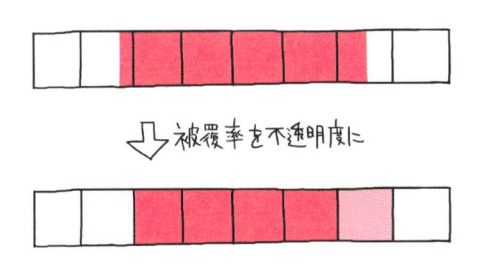

↓ 被覆率を不透明度に

横ライン描画のアンチエイリアシング

このように、ライン単位で被覆率を考慮した三角形が以下の図です。しかし、よく見てみると、あまり綺麗ではありません。上辺のエッジは、もうちょっと滑らかになって欲しいところです。**右辺のエッジ方が大分滑らか**です。

実は、先ほどの左右端の被覆率を使ったライン描画だと、**横方向に長**

いエッジの処理がうまくいきません。以下の図を見ればわかるように、被覆率を計算したピクセルが飛び飛びになっているからです。

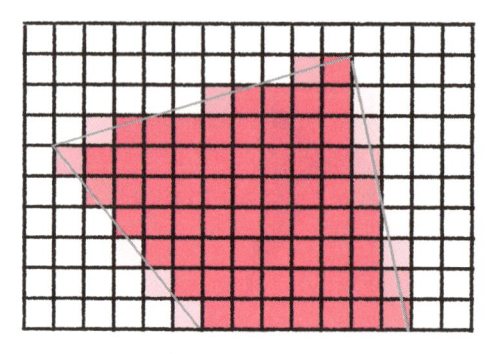

AAが簡単に計算できない場合（上辺のエッジ）

　これは悩ましい問題です。たとえば、円描画のアンチエイリアシングのように、**縦方向だけはスーパーサンプリングする**方法などが考えられます（ただし、この方法だと非常に角度の浅い場合、十分に滑らかにはなりません）。紙幅の都合でここまでの解説となりますが、興味のある方はより良いアルゴリズムを考えてみてください。

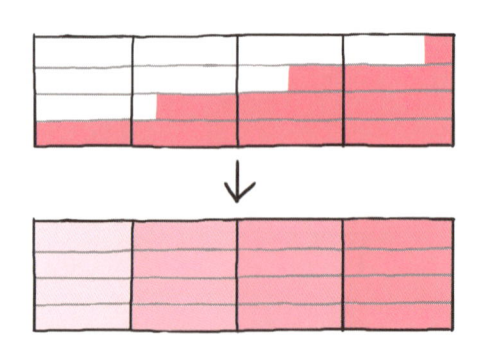

縦だけスーパーサンプリング

2.11

曲線を引く

ベジェ曲線はどう描かれているのか

　ここまでで、2点間を**直線**で結ぶ方法はよくわかりました。しかし、世界を見渡せば、直線だけで構成される**カクカクな図形**や**真円**ばかりではありません。自動車は美しい曲線で構成されていますし、Alfons Maria Mucha（アルフォンス・ミュシャ）などアールヌーヴォー（*Art Nouveau*）の作品には曲線が多用されています。美しいデザインに、曲線は欠かせないものです。

　さて、直線と同じように**曲線で2点間を結ぶ**には、どう実現すればよいのでしょうか。

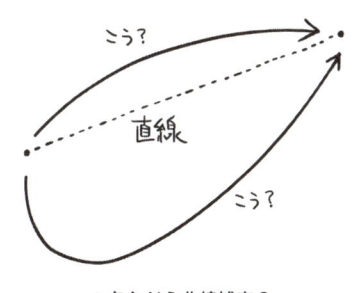

2点をどう曲線補完？

曲線の描き方

　残念ながら、**2点の座標だけ**では曲線で結ぶことができません。2点の座標に加えて、**制御点**と**補間方法**を指定する必要があります。制御点の位置を調整することで、同じ補間方法でもまったく違った曲線を生み出

すことができます[注4]。

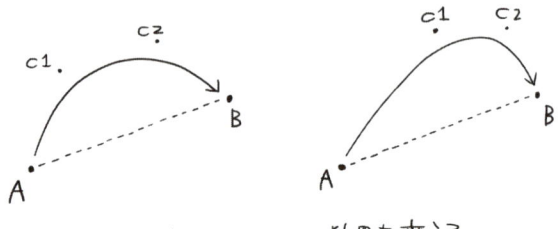

制御点(c1, c2)の位置を変える
ことで、同じ2点間を結ぶ場合にも
形状を変化させられる

制御点の位置を加える

では、曲線の形状はどうやって得るのでしょうか。

残念ですが、形状らしきものが直接得られるわけではありません。**0から1の範囲のパラメータ**(tとします)**を指定することで、AB間どこに位置するのか**を取得できます。たとえば、t = 0なら点A(開始位置)、t = 0.5なら中間地点、t = 1.0なら点B(終点)……といった具合で、曲線内の位置が取得できます。t = 0.0から1.0まで、少しずつ増やしながら位置を取得すれば、点が繋がり線になります。

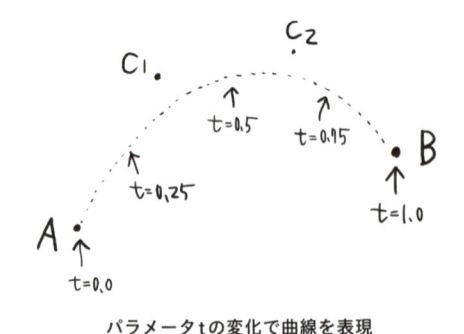

パラメータtの変化で曲線を表現

注4　一般的に、曲線を制御する頂点はすべて制御点と呼ばれますが、本書ではわかりやすさのため、始点/終点以外の点を制御点と呼ぶことにします。

[補足]パラメータとは？

そもそも、パラメータ(*Parameter*)とは何でしょうか。数学では「媒介変数」、情報工学では「引数」のことです。訳語を言われてもさっぱりだと思うので、具体的な話をしましょう。

p.53で関数について説明しました。「X座標が100、Y座標が150の位置に、赤い点を打つ」処理があったとします。ここでの100や150や赤い点という値がパラメータです。「何かしらの処理」をさせる命令(関数)があったとしても、それしかできないというのは不便です。好きな座標や色を渡せるようにすることで、処理に変化をもたらすことができます。

直線の補間

次に、補間方法としてとくに有名な「ベジェ曲線」について触れていきます。ベジェ曲線を考える前に、まずは直線でAB間を結ぶ方法を考えてみましょう。「あれ、直線を描くのは、すでに触れたのでは？」と思ったかもしれません。確かにそうですが、プログラムで実装しただけで、パラメータを使った表現はまだしていませんので、念のため。

パラメータtが、0から1の間を経ると、始点Aから終点Bまで最短の経路を経るのが、直線の関数になります。始点Aを(x1, y1)、終点Bを(x2, y2)とすると、

$$\begin{pmatrix} x \\ y \end{pmatrix} = \begin{pmatrix} x1 \\ y1 \end{pmatrix} + \begin{pmatrix} x2-x1 \\ y2-y1 \end{pmatrix} \cdot t$$

$$\begin{cases} x = x1 + (x2-x1) \cdot t \\ y = y1 + (y2-y1) \cdot t \end{cases}$$

式：tが0から1まで変化した時に、AB間を結ぶ直線

という関数(式)で表現されます。「・t」は、tで乗算するという意味です。

tに0を代入したら(x1, y2)で始点A、tに1を代入したら(x1 + (x2 − x1), y1 + (y2 − y1))で終点B(x2, y2)となります。以下の図を見ると、何となく意味するところがわかるでしょうか。

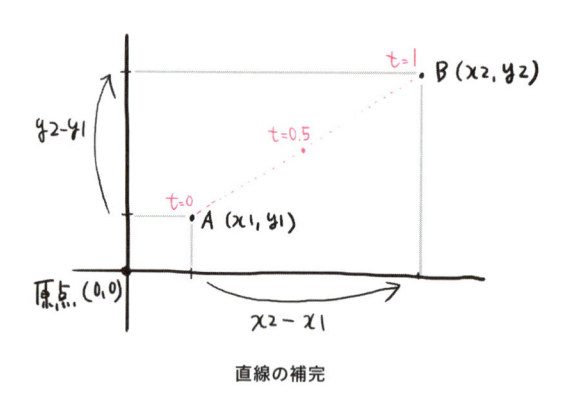

直線の補完

曲線の補間（ベジェ曲線）

直線と同じように曲線でも、パラメータtを0から1に変化させた時に得られる点を繋いだものが曲線となります。具体的には、

```
(1 - t)*(1 - t)*(1 - t) * P0
+ 3 * t * (1 - t)*(1 - t) * P1
+ 3 * t * t * (1 - t) * P2
+ t * t * t * P3
```

で得られる値が、曲線の位置になります。P0、P1、P2、P3は、X座標を得る場合には各点のX座標を、Y座標を得る場合には各点のY座標を代入してください。XとYは独立しています。ちょっと頭がクラクラするかもしれませんが、ここはそういうものだと思って次に進みましょう。

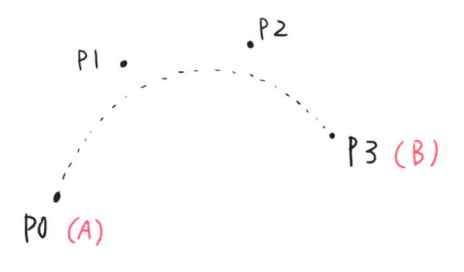

制御点と曲線

　ここで、**P0**と**P3**は、**始点と終点**の座標です。先ほどの直線の例だと、**AとBに相当**します。P1とP2が、制御点です。この位置を制御することで、どういった曲線を描くかが決まります。

　2.6節の直線についての解説で述べたとおり、**線は点（ドット）の集合**でした。曲線も点を繋いでいけば良いのでしょうか。直線の場合、X軸・Y軸で、距離の長い方を使ってループ処理をして、点を置いていきました。とりあえず曲線も、そのように処理してみましょう。

　P0、P1、P2、P3の座標を (x0, y0)、(x1, y1)、(x2, y2)、(x3, y3) とし、P0からP3までX軸の距離の方が長いとすると、以下のようにプログラムで表現できます。

```
double x0 = 50;
double y0 = 150;
double x1 = 100;
double y1 = 50;
double x2 = 200;
double y2 = 50;
double x3 = 250;
double y3 = 100;

for (int x=x0; x<=x3; x++)
{
  // tは、xがx0からx3まで進む間に、0から1を取る
  double t = (x - x0) / (x3 - x0);

  // x座標の計算（px0 + px1 + px2 + px3がx座標）
  double px0 = (1 - t)*(1 - t)*(1 - t) * x0;
  double px1 = 3 * t * (1 - t)*(1 - t) * x1;
  double px2 = 3 * t * t * (1 - t) * x2;
```

```
    double px3 = t * t * t * x3;

    // y座標の計算（py0 + py1 + py2 + py3がy座標）
    double py0 = (1 - t)*(1 - t)*(1 - t) * y0;
    double py1 = 3 * t * (1 - t)*(1 - t) * y1;
    double py2 = 3 * t * t * (1 - t) * y2;
    double py3 = t * t * t * y3;

    // (px, py)が曲線の点
    double px = px0 + px1 + px2 + px3;
    double py = py0 + py1 + py2 + py3;

    SetPixel(画像, px, py, 線の色);
}
```

　P0、P1、P2、P3に、(50, 150)、(100, 50)、(200, 50)、(250, 100) が入っています。tはforループの先頭で計算しています。xがx0からx3まで進む間に、tも0から1まで増えていきます。というわけで、以下の図がこのプログラムの出力結果です。

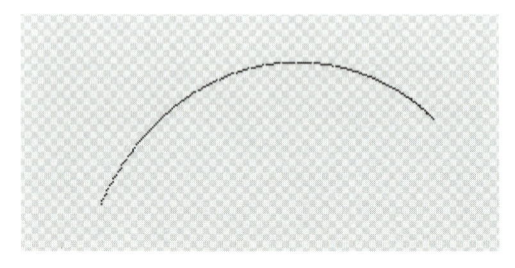

繋がらない曲線

　うまくいった……と思いきや、線が繋がっていない箇所があります。もっと細かく点を置いていけば良いのでしょうか。残念ながら、**常にちゃんと繋がるように調整するのは難しい**です。
　ここは発想の転換をして、「細分化した直線をつなげていく」という方法はどうでしょうか。たとえば、以下の図のように10分割して直線で繋いでいくというわけです。ちょっと不安ですが、この方法でプログラムにしてみましょう。

曲線を10分割して、直線で繋げる

```
double CalcBezier(double p0, double p1, double p2, double p3, double t)
{
  double v0 = (1 - t)*(1 - t)*(1 - t) * p0;
  double v1 = 3 * t * (1 - t)*(1 - t) * p1;
  double v2 = 3 * t * t * (1 - t) * p2;
  double v3 = t * t * t * p3;

  return v0 + v1 + v2 + v3;
}

int div = 10; // 分割数
double delta_t = 1.0 / div; // 0.1

for (int i=0; i<div; i++)
{
  double t0 = (double)i / div;
  double t1 = t0 + delta_t;

  double px0 = CalcBezier(x0, x1, x2, x3, t0);
  double py0 = CalcBezier(y0, y1, y2, y3, t0);

  double px1 = CalcBezier(x0, x1, x2, x3, t1);
  double py1 = CalcBezier(y0, y1, y2, y3, t1);

  // (px0, py0)から(px1, py1)に直線を引く
  DrawLine(画像, px0, py0, px1, py1, 線の色);
}
```

　tの値からベジェ曲線の位置を取得するのは、関数CalcBezierとしてまとめてあります。t0は「0.0」「0.1」「0.2」「0.3」…「0.9」と変化していく、

曲線を 1/10 ずつ区切った位置です。t1 は、t0 の 1 つ先の位置になります。t0 が 0.0 なら t1 は 0.1、t0 が 0.5 なら t1 は 0.6、といった具合です。

　以下の図がこのプログラムの出力結果になります。

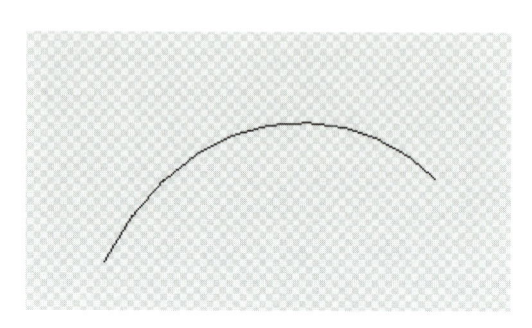

実際に直線で 10 分割した曲線

　これで、ほぼ曲線に見えるようになりました。もちろん、**長い曲線**の場合、**より細かく直線に細分化**する必要があります。曲線のおおよその長さを測って、何分割すれば問題ない(直線の集合に見えない)か、といった具合に分割数を決めるなどとすると良いでしょう。

2.12

多角形を描画する
これを描画できれば、何でも描画できる

　前節で、曲線の描き方について説明しました。これで、曲線的で美しいグラフィック表現ができるようになりました。と言いたいところですが、曲線で表現できるのはあくまで図形の**枠線**だけです。はっきり形状がわかるようにするには、**線の内側を塗りつぶす必要**があります。

曲線の内側を塗りつぶす→多角形を塗りつぶす

　それでは、曲線の内側を塗りつぶす方法について順に考えていきます。曲線の描き方を思い出してみましょう。結局、曲線を**細かい直線に細分化**しました。ということは、**曲線の塗りつぶしも、多角形を描画できれば実現できる**はずです。ここでポイントとなるのは、

　十分に細分化された曲線(曲線の一部)は、直線と見分けがつかない

です。どうでしょうか。以下の図を見れば、それで問題なさそうに見えます。

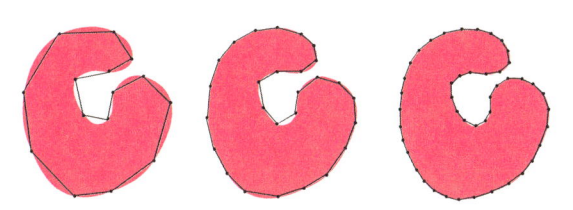

頂点(辺)を増やせば、曲線に近づいていく

曲線も多角形で表現できる

さっそく、多角形をどのように塗りつぶすかを考えていきましょう。多角形も三角形の描画と同じように、一番上の頂点から、一番下の頂点まで、ラインと交差する辺を求め、その間を塗りつぶしていけば良さそうです。

大きく違うのは「たくさんの辺と交差する」ということです。上記の図のような多角形なら、わかりやすいです。1から2番め、3から4番め……と塗りつぶしていけば良い。しかし、実際は以下の図のように、その方法ではうまくいかない場合があります。

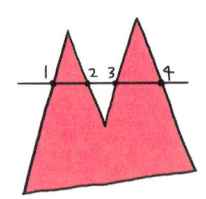

こういう場合なら、
1-2間、3-4間を
塗りつぶせばいい

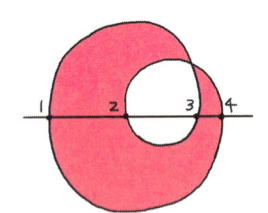

こういった形状のとき、
2-3間も塗りつぶしたい時
もある(投げ縄処理など)

たくさんの辺と交差すると破綻する

スキャンするラインの交差をカウントする

ここで先人の知恵を借りましょう。ラインと辺が交差するときに、その範囲を塗りつぶすべきかチェックする方法があります。多角形の頂点は、右ページ上の図のように点を繋いでいきます。その際の辺は、「上から下向き」と「下から上向き」に進むかのどちらかです。

横のラインと交差判定をする際、以下をカウントしておきます。

- 上向きの辺と交差したら、＋1
- 下向きの辺と交差したら、−1

すると、カウントが0になった箇所からは線を引かないようにすると、

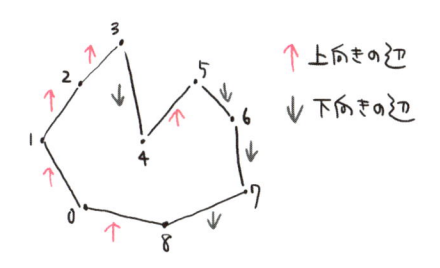

多角形を形成する辺の向き

以下の図右の入り組んだ領域も塗りつぶすことができます。

逆にこのような入り組んだ部分を塗りつぶさないようにする場合は、「カウント数が偶数になったら塗りつぶさない」というルールを適用すればOKです。

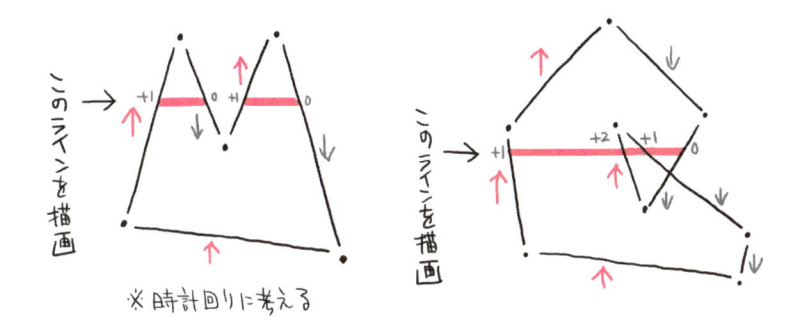

辺とどう交差するかカウントする

これでどんな多角形でも描画できるようになりました。あとは、曲線で形成された辺を、細かい直線の集合に変換すれば、多角形として描画できるようになります。

2.13

グラデーションを描く

指定した2点間を補間して色を塗る

　本節のテーマは**グラデーション**です。ペイントツールだと、**選択範囲**（マスク、*Mask*）を指定して、**グラデーションツール**に切り替え、**2点をドラッグ操作で指定**することで、選択範囲内だけにグラデーション描画を行えます。グラデーションがどのように描画されているのか、考えてみましょう。

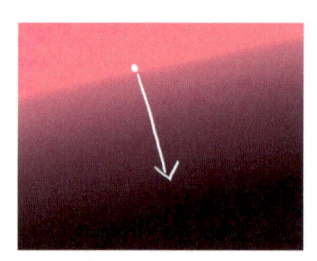

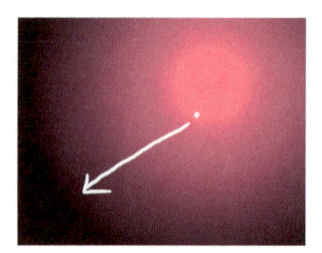

線形グラデーションと円形グラデーション

グラデーションの描画

　グラデーションの描画では、**「始点」**と**「終点」の座標**と、**「形状」**（線形/円形など）を指定します。それらのパラメータを元に、**グラデーションの濃度**を計算します。ここでは、濃度は0から1までを取得するとします。濃度が0なら「前景色」や「透明色」、濃度が1なら「背景色」や「不透明色」を描画し、グラデーション表現を行います。

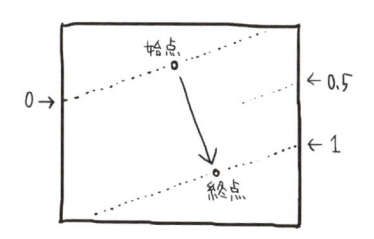

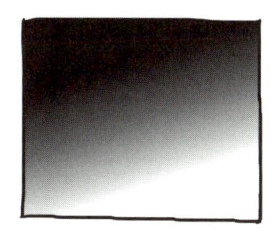

画面内に0から1をマッピング(後述)する計算をする

円形グラデーションの計算方法

問題はその計算方法です。ここでは「線形」と「円形」のグラデーションについて考えましょう。まずは簡単な**円形**からです。

- ❶始点から終点の距離(の2乗)を求める
- ❷各ポイントと中心の距離(の2乗)を求める
- ❸2の距離を、1の距離で割る(0から1の値が取得できる)

となります。非常にシンプルですね。プログラムとして見てしまった方が早いでしょう。横400px、縦300pxの画像に対して、(200, 100) を中心に、半径150の円形グラデーションを描画するのなら、

```
double cx = 200;
double cy = 100;
double distance = 150 * 150; // ❶の距離 (半径150の2乗)

for (int y=0; y<300; y++)
{
  for (int x=0; x<400; x++)
  {
    double d = (x - cx)*(x - cx) + (y - cy)*(y - cy); // ❷の距離
    double m = d / distance; // ❸の値

    if (m > 1.0) m = 1.0; // 円の範囲外
    m = 1.0 - m; // 中心を1に、外側に行くほど0になるように

    // まず黒で塗りつぶす
    SetPixel(画像, x, y, 黒色);
```

```
    // (x, y)の位置に、指定色を、不透明度mでピクセル描画
    int a = (int)(m * 255);
    SetPixelA(画像, x, y, 赤色, a);
  }
}
```

といったコードになります。出力結果は以下のようになります。

円形グラデーション

線形グラデーションの計算方法

次に線形グラデーションです。円形と比べると少し難しくなりますが、要は、**始点から終点の作る線に対して、各点（以下の図のC、D、Eなど）から垂直に下ろした線が交差する位置**を求めるという問題です。以下の図を見てみましょう。Dの位置なら始点から終点の0.3（30％）の位置、Cは-0.1（-10％）なので0から1の範囲に収めて0という扱い、といった具合です。

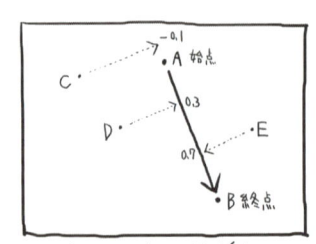

線形グラデーションの考え方

以下の図のように、各点に対して、

① Aが原点に来るように移動(各点の座標をAの座標で引き算する)
② ABが0度(水平)になるように回転させる
③ AB間が距離1になるように、ABの距離でX座標を除算する

という処理をすると、**各点のX座標が濃度**になります。

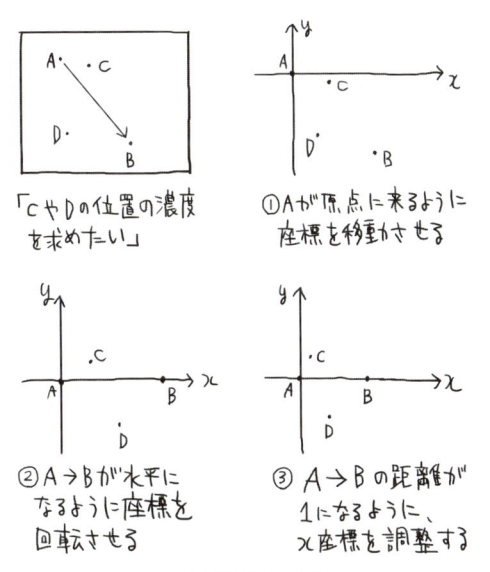

X座標が濃度になる

プログラムで確認してみましょう。

```
double x1 = 100; // 始点座標(x1, y1)
double y1 = 100;
double x2 = 300; // 終点座標(x2, y2)
double y2 = 200;

// ABが成す角度を求めておく
double angle = Angle(y2 - y1, x2 - x1);

// AB間の距離を求めておく
double length = Length(x2 - x1, y2 - y1);
```

```
for (int y=0; y<300; y++)
{
  for (int x=0; x<400; x++)
  {
    // ①の計算（Aが原点になるように）
    double px = x - x1;
    double py = y - y1;

    // ②の計算（AB間が水平になるようにpx、pyを回転）
    Rotate(px, py, angle);

    // ③の計算（AB間を0〜1の範囲に収める）
    px = px / length;
    if (px < 0) px = 0;
    if (px > 1.0) px = 1.0;

    // まず黒で塗りつぶす
    SetPixel(画像, x, y, 黒色);

    // ③の計算で求めた値を不透明度にしてピクセル描画
    int a = (int)(px * 255);
    SetPixelA(画像, x, y, 赤色, a);
  }
}
```

ここで、Angle()やRotate()という関数は、角度を求める、回転させるといった動作を行う関数だと思ってください。以下の図が出力結果です。図中、終点と始点がわかりやすいように白い線を加えています。

線形グラデーション

第3章 画像処理

**画質は良く、
コンピュータの処理負荷は低く**

3.01

画像を拡大/縮小する

拡大も縮小も、考え方は変わらない

　もう少し派手な表現を考えていきます。まずは拡大/縮小です。キャラクターなどの画像を、150％の大きさに拡大したり、33％に縮小したりしながら転送する処理です。さて、どう実現すれば良いのでしょうか。

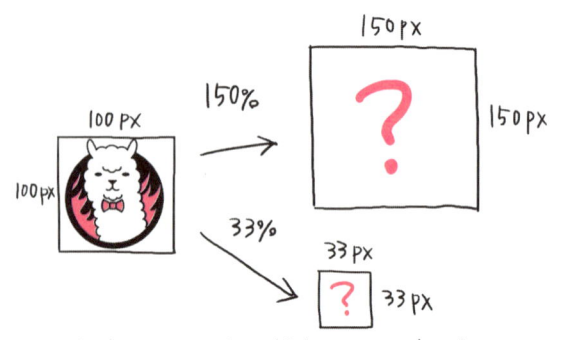

描画先の範囲から考える

拡大/縮小は描画範囲から考える

　まず、描画する範囲（転送先の範囲）について考えてみましょう。もし元の画像が100×100pxだとすると、

- 150％にするのなら、150×150pxの画像を描画することになる
- 33％にするのなら、33×33pxの画像を描画することになる

というわけです。あとは、描画先の各ピクセルをどう描画するかがわか

ればOKです。あとは描画の際に、元画像のどのピクセルを取得すれば良いのかという話になります。

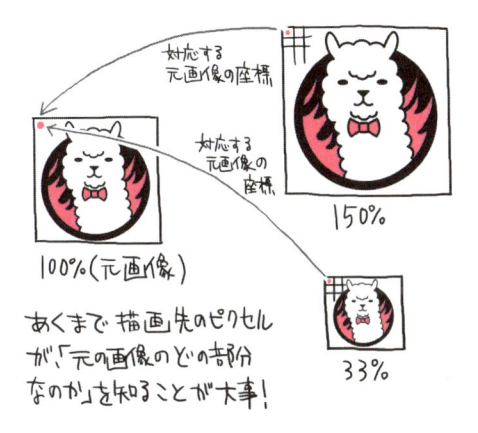

描画先から元画像を参照するのであり、逆ではない！

元画像の座標を計算する

　150％の場合、150px進む間に元の画像をまんべんなく取得します。つまり、描画先の座標が1px進むごとに、100/150＝約0.67pxずつ参照元画像の座標（以下、元座標）をずらして取得していくわけです。元画像より大きい画像を描画するのですから、元座標がじっくり増えていくようなイメージです。

　33％の場合、33px進む間に、元の画像をまんべんなく取得します。つまり、描画先の座標が1px進むごとに、100/33＝約3pxずつ元画像の座標が進めば良いわけです。元画像より小さい画像を描画するのですから、元座標をガンガン進めていかないといけません。

　つまり、1px進むごとにどれだけ元座標をずらしていくか、という値は、「拡大/縮小の倍率の逆数」になります。

拡大/縮小のプログラム

　実際にプログラムで書いてみましょう。元画像のサイズは100 × 100pxとします。**double m**の部分ですが、拡大/縮小に使う倍率を指定します。倍率がわかれば、転送先のサイズもわかります。転送先のサイズは、**幅/高さがdw、dhに代入**されます（元画像のサイズに倍率を掛けたものです）。

　元画像をどれだけ進めていくかという値miは**倍率mの逆数**になります。描画座標にこのmiを掛ければ、元画像のどの部分をサンプリング（後述）するかという元座標(sx, sy)がわかります。

```
double m = 0.33;  // 33％である。1.50なら150％になる
double mi = 1.0 / m;  // 倍率の逆数
int dw = m * 100;  // 転送先の幅（拡大なら100より大きく、縮小なら100より小さく）
int dh = m * 100;  // 転送先の高さ（同上）

for (int dy=0; dy<dh; dy++)
{
  for (int dx=0; dx<dw; dx++)
  {
    int sx = mi * dx;  // 転送元のX座標を取得
    int sy = mi * dy;  // 転送元のY座標を取得
    Pixel p = GetPixel(元画像, sx, sy);  // 転送元のピクセルを取得

    SetPixel(描画先画像, dx, dy, p);  // ピクセル描画
  }
}
```

　上記のコードで実際に150％、33％に拡大/縮小したものが以下の図です。等倍(100％)の元画像と比べると、どちらの画像も荒れています。これはいわゆるサンプリングの問題です。とくに**縮小**の場合、**本来存在しているピクセルを飛ばしてしまう**のですから、劣化して当然です。

　もっと綺麗に縮小する方法は、次の項目で考えてみましょう。

元画像(左)、33%(中央)、150%(右)

Column

画像拡大アルゴリズムwaifu2x

　画像の拡大と言えば、2015年5月(本書原稿執筆中)話題になった「waifu2x」(http://waifu2x.udp.jp/)という画像拡大アルゴリズムがあります。

　後述するバイリニア補間、バイキュービック補間では、シャープさを保った拡大は行えません。その問題を解決すべく、拡大時に元の形状を推定して、よりシャープな画像を作り出すアルゴリズムが考えられてきましたが、それらのアルゴリズムの多くはノイズに弱く、ノイズの多いJPEG画像の拡大が綺麗に行えるとは言い難いものでした。waifu2xは人工知能の技術を使い、より精密な(人間的な？)推定を行うという話で、ノイズにまみれた画像まで綺麗に拡大できることで大きな話題になりました。

3.02

画像を綺麗に拡大/縮小する

ピクセルの格子を厳密に考える

　前節では、画像の拡大/縮小について考えました。実装はできましたが品質はイマイチで、とくに縮小処理はクオリティが低く、ジャギジャギしていました。画像を綺麗に拡大/縮小するには、どのような方法が考えられるでしょうか。

縮小処理でジャギジャギになる理由

　まずは、なぜ縮小処理でジャギジャギになってしまったかを考えてみましょう。たとえば33%に縮小する場合、3×3pxのうちの1ヵ所しかサンプリングされません（1つのピクセルしか参照されません）。下手をすると、以下の図のように専有面積の少ないピクセルばかりサンプリングしてしまう可能性だってあります。

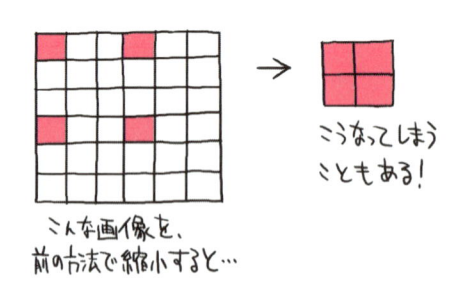

少ないピクセルばかりサンプリングされる可能性がある

平均色を取り入れる

　これは、どうにかならないでしょうか。たとえば、**25％に縮小**する場合、**4×4pxの平均色**になると、それっぽく見えるように思えませんか。

　たとえば、網戸越しの景色を想像してみてください。**網の色**が微妙に混ざりながらも穴を通して遠くが透けて見えているのは、**目が平均的な色で捉えているから**です。以下の図を見ると、**図左の網戸**は、網が白くて太いので背景よりも**網の色**が目立っています。**図右の網戸**は、開口率が高く網が目立たず**背景**がよく透けて見えます。

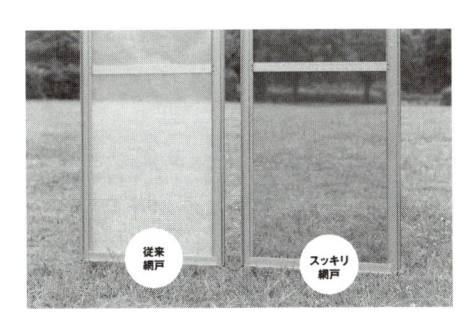

同じ網戸でも、網の太さや色によって背景の見え方が変わる※

※画像提供：セイキ販売（株）

　しかし、**平均色**とはどうやって求めるのでしょうか。プログラムで見てみましょう。

```
double r = 0; // R値の累積
double g = 0; // G値の累積
double b = 0; // B値の累積
double w = 0; // 累積回数

for (int j=0; j<4; j++)
{
  for (int i=0; i<4; i++)
  {
    Pixel p = GetPixel(画像, i, j);
    r = r + p.R; // R成分を足す
```

3 画像処理
画質は良く、コンピュータの処理負荷は低く

```
    g = g + p.G; // G成分を足す
    b = b + p.B; // B成分を足す
    w++; // 1回足した
  }
}

r = r / w; // Rの平均
g = g / w; // Gの平均
b = b / w; // Bの平均
```

最初に宣言したr、g、bは**色の累積**です。for文で色成分を足していった回数は**w回**なので、最後にw（ここでは16になります）で除算すれば、**16pxの色の平均値**が求まります。何となく直感的に想像できる処理なのではないでしょうか。

被覆率を考慮して縮小する —— 半端なピクセルは、半端な影響力がある

しかし、もし以下の図のように元画像が8×8pxで、**縮小後のサイズが3×3px**だったとしたら、どうなるでしょうか。以下の図のように、平均を求めたい部分がピクセル単位でぴったりにはなりません。

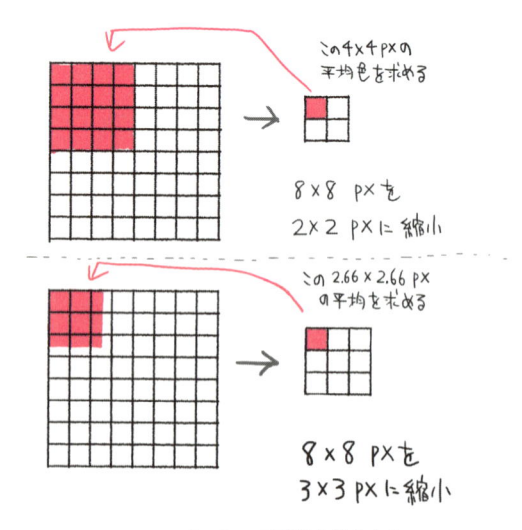

8×8pxの画像を縮小する

この**中途半端に覆った状態**、どこかで見覚えありませんか。そう、円や三角形の描画時の**アンチエイリアシング**処理です。「**半端なピクセルは、半端な影響力がある**」と考えます。上記の図の左上9pxを拡大すると、以下の図のような被覆率になっています。

平均を求めたいピクセルの範囲

　66％の部分は、先ほどの累積させるコードで0.66を掛けて足し合わせてやります。100％なら1.0で43％なら0.43です。r = r + 0.66 * p.Rなどになる、ということです。「66％だけ影響を与える」という具合です。累積回数を足していくw = w + 1も、w = w + 0.66のようになります。**少しだけピクセルの影響を与えた**ので、**少しだけ累積に加える**というわけです。
　後はこの被覆率を正しく求めるだけです。以上でしくみのポイントは押さえられたと思います。とは言え、ここからまた手間がかかる部分はありますが、紙幅の都合もあり本書では詳細な解説は割愛します。

3.03

ミップマップという考え方
縮小処理の負荷を下げたい

　前節では、画像の縮小時に生じる劣化をどう抑えるかについて考えました。確かに、クオリティに関しては申し分ないレベルになりました。しかし、この高品質な縮小処理は非常に負荷が高いです。

　なぜなら、たとえば1/16に縮小する場合にも、多くのピクセルをサンプリングしなければいけない（1pxあたり16pxを参照するということ）からです。せっかく縮小して小さい面積の描画で済むというのに、サンプリング回数は減らないわけで負荷は高いです。

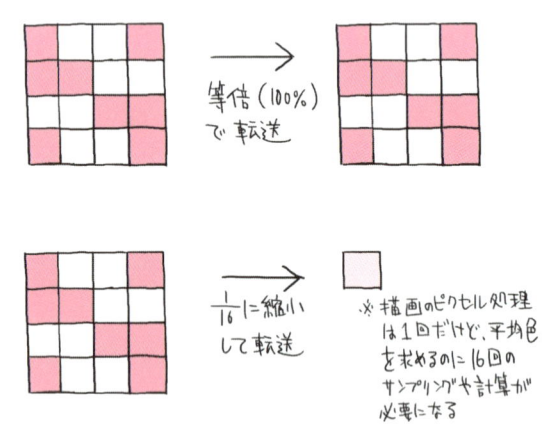

サンプリング回数

　じっくり時間をかけて処理する場合には、これでも良いかもしれません。しかし、リアルタイムに、数ms（*millisecond*、ミリ秒）のレベルで処理をしたいのに、こういった処理は避けたいところです。一方で、すべ

てのピクセルを考慮して縮小処理しなければ品質は落ちてしまう、そういった場合の**折衷案**が**ミップマップ**（*MIP map/mipmap*）を使う方法です。

ミップマップ

ミップマップとは、

- 元の解像度の画像
- 50％の解像度の画像
- 25％の解像度の画像
- 12.5％の解像度の画像 ……

といった形で、事前に（高品質に）解像度を落とした画像を、以下の図のように用意しておく技法です。

ミップマップ

たとえば、20％に縮小したい場合を考えましょう。**25％のミップマップ画像を80％に縮小**することで、20％の縮小に近い処理を実現することができます。元の画像を20％に縮小するより、すでに綺麗に25％に縮小された画像を80％に縮小した方が**ピクセルの間引きも少ない**ので、粗が目立ちにくいです。

ミップマップの利点

　また、ミップマップは**メモリ帯域を有効に使える**というメリットもあります。先述したように、メモリには「キャッシュ」という**連続領域のアクセスを高速処理するしくみ**があります。たとえば、25％に縮小した際に、4pxごとに歯抜けの状態でピクセルを取得する（3px分のキャッシュが無駄になる）より、すでに25％に縮小した画像を1pxごとに取得した方が高速処理できます。

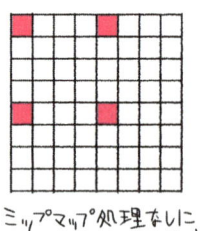

歯抜けより連続アクセス

ミップマップの品質について ——問題点もある

　上記のように、ミップマップはメリットばかりのように見えます。ただし、品質の面では最高とは言えません。ミップマップを考慮しないニアレストネイバー（後述）よりは綺麗ですが、元画像からちゃんと「被覆率」を計算した方が綺麗です。なぜなら、**2段階でフィルタ処理**していることになるからです。

　たとえば、33％に縮小するとして、「**100％から33％に一気に縮小する**」のと「**100％を50％に縮小し、それをさらに66％にすることで、最終的に33％に縮小する**」というのでは、後者の方がサンプリング回数が

多く画像が劣化しそうだというのはイメージできるでしょう。サンプリング回数が増えることによる劣化についてはp.217を参照してください。

リップマップ

　また、リップマップ（*RIP mapping*）という方法もあります。異方性フィルタリング（*Anisotropic filtering*）と呼ばれる手法です[注1]。ミップマップでは、50％、25％と縦横の解像度が同時に落ちてしまいます。

　リップマップでは、以下の図のように、「縦は50％、横は100％（等倍）」のような画像も用意しておきます。これにより、より劣化の少ない画像を参照することができ、クオリティが上がります。ただし、使用するメモリ量が、元の画像の4倍になってしまう問題もあります。

リップマップ

注1　異方性とは、（見るなどの）方向によって反応が変化することです。「この角度から見ると色合いが変化する素材」（繊維など）などがあります。

3.04

フィルタリング、サンプリング
座標の小数部を使って品質アップ

　画像の拡大/縮小を見てきました。デジタル画像は、一対一（ドットバイドット/dot by dot）の、ピクセル同士がぴったり収まる転送をする以外、どうしても画質の劣化が起こってしまいます。どうにかして劣化を少しでも食い止められないでしょうか。本節では、ピクセルのサンプリング（Sampling）とフィルタリング（Filtering）について取り上げます。

ピクセルのサンプリング

　画像を転送する際、「元画像のどこを参照すべきか」が重要でした。元画像からピクセルを取得する処理をサンプリングと言います。前節では単純に、サンプリング座標から一番近いピクセルを取得していました。本来は、1.5の位置、2.75など、ピクセルの中心から微妙にずれた位置をサンプリングしていたはずです。

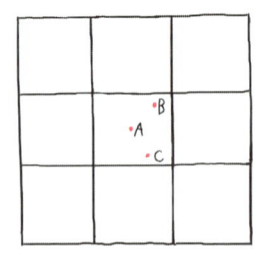

A、B、Cは、同じピクセル内でも小数点以下の座標が異なるので、その情報を活かしたい

小数点以下の座標を活かしたい

フィルタリング

サンプリングの際、その**小数点以下の座標**を使って、**ドット感の少ないより美しい拡大(縮小)画像を生成できないか**、という処理が**フィルタリング**です。たとえば画像を**2倍に引き伸ばす**場合、以下の図の上のように同じピクセルを並べればドットが目立ちますが、下のように**中間値を挿入**していけば、ドットがわかりにくくなります。

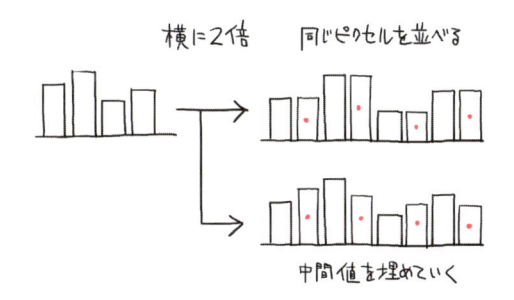

座標を補間しない場合、補間した場合

このように、挿入する値(ピクセルなら色)をどう決定するのか、工夫の余地はたくさんあります。以下、ピクセルのサンプリング座標(double型)を **(tx, ty)** として、代表的なサンプリング方法について見ていきましょう。

ニアレストネイバー

ニアレストネイバー(*Nearest neighbor*)は、一番近いピクセルを選択するサンプリング方法です。「最近傍補間法」とも呼びます。単純に、一番近い座標のピクセルを取得します。取得するピクセル座標 (px, py) は、

```
int px = (int)tx; // 整数座標
int py = (int)ty;
double fx = tx - px; // サンプリング座標の小数部
double fy = ty - py;
if (fx >= 0.5) px++; // 次のピクセルの方が近い
if (fy >= 0.5) py++;
```

となります。出力結果は以下のようになります。

ニアレストネイバーで拡大

バイリニア補間、バイリニアフィルタリング

バイリニア補間(*Bilinear interpolation*)は、「最近傍の4px」を参照する方法です。「Bi」は「2」を意味する接頭語で、Linearは「線形」という意味です。つまり、線形補完を2軸(X方向とY方向)に対して行う方法ということです。以下の図のように、近傍の4pxを参照して色を計算します。

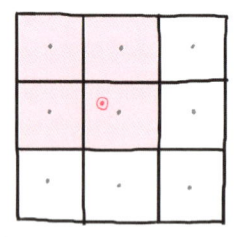

⊙がサンプリング座標だとすると、
一番近い4近傍 ⊞ のピクセル
を使って計算する

バイリニア補間で参照する4近傍

まず、4近傍のピクセルを取得します。

```
// (px0, py0)、(px1, py0)、(px0, py1)、(py1, py1)が4近傍のピクセル座標
int px0 = (int)tx;
int py0 = (int)ty;
int px1 = px0 + 1;
int py1 = py0 + 1;

Col c0 = GetPixel(画像, px0, py0); // 左上のピクセル
Col c1 = GetPixel(画像, px1, py0); // 右上のピクセル
Col c2 = GetPixel(画像, px0, py1); // 左下のピクセル
Col c3 = GetPixel(画像, px1, py1); // 右下のピクセル
```

近傍4px、c0、c1、c2、c3が取得できました。**本来参照したかった座標**は **(tx, ty)** であり、以下の図でのc6の位置です。この近傍4pxを使って、c6のピクセル色を良い感じに推定しよう、というのが**バイリニアフィルタリング**（*Bilinear filtering*）です。

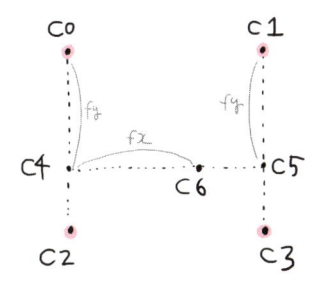

座標の小数部を使って色を求める

上記の図のように、c0とc2の中間値をc4、c1とc3の中間値をc5として、c4とc5の中間値をc6として求めることができます。

(tx, ty) の小数部fx、fyは、

```
double fx = tx - px0; // X座標の小数部（0以上1未満）
double fy = ty - py0; // Y座標の小数部（0以上1未満）
```

で求まります。たとえばtxが34.56なら、34.56 − 34で0.56。1414.2135なら、1414.2135 − 1414で0.2135になります。**ある値から、その値の整数部を減算**すれば、**小数部を取得**できます。当たり前の話ですが、プログラミングでは重宝します。

```
Pixel c4,c5,c6;

// c4を求める
c4.R = c0.R + (c2.R - c0.R) * fy;
c4.G = c0.G + (c2.G - c0.G) * fy;
c4.B = c0.B + (c2.B - c0.B) * fy;

// c5を求める
c5.R = c1.R + (c3.R - c1.R) * fy;
c5.G = c1.G + (c3.G - c1.G) * fy;
c5.B = c1.B + (c3.B - c1.B) * fy;

// c6を求める
c6.R = c4.R + (c5.R - c4.R) * fx;
c6.G = c4.G + (c5.G - c4.G) * fx;
c6.B = c4.B + (c5.B - c4.B) * fx;
c6.A = 255;  // 不透明に
```

でc6の色が求まります。p.85のアルファブレンディングの考えですね。

バイリニアフィルタリングで拡大

バイキュービック補間

　バイリニアは周囲4近傍のピクセルを参照しましたが、バイキュービック補間（*Bicubic interpolation*）は周囲16近傍のピクセルを参照した補間法です。バイリニアの「4近傍」というのは、X方向だけに注目すると、左右2点の情報が使えるということです。バイキュービックでは、同じくX方向だけに注目すると、左に2点、右に2点の、左右4点の情報が使え

るということです。

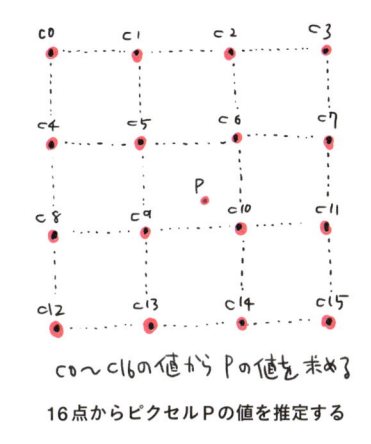

16点からピクセルPの値を推定する

以下の図を見てみましょう。**左右2点**だけだと、**直線的に位置を推定**することしかできません。一方、**左右4点**あると**曲線的に値を推定**することができます。

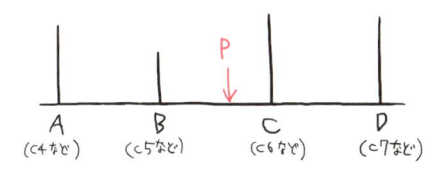

左右に2点ずつ参照できる

バイキュービック方式では、**左右や上下の方向**に、上の図のようにピクセルA、B、C、Dが参照できます。推定するピクセルの値は、**A、B、C、Dにどういった重みをおいて計算**するかによって決まります。

推定した位置からA、B、C、Dのピクセルまで、距離がtだとすると、

$$\begin{cases} |t|^3 - 2|t|^2 + 1 & (|t| \leq 1) \\ -|t|^3 + 5|t|^2 - 8|t| + 4 & (1 < |t| \leq 2) \\ 0 & (2 < |t|) \end{cases}$$

式：サンプリング位置からピクセルまでの距離と重み

という重みをつけて、ピクセルの値を足し合わせます。たとえば、以下の図のように、BC間の「左から25%の辺り」の値を求めたい場合、

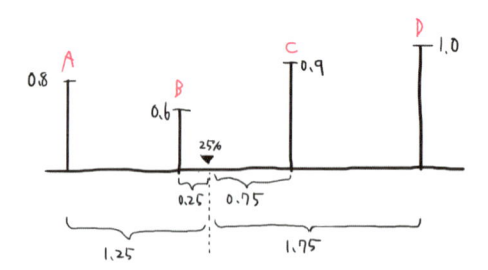

計算したい座標と、ABCDまでの距離

- Aまでの距離(t)は1.25
- Bまでの距離(t)は0.25
- Cまでの距離(t)は0.75
- Dまでの距離(t)は1.75

なので、先ほどの式に当てはめると、

- Aの重み：-1.25 × 1.25 × 1.25 + 5 × 1.25 × 1.25 − 8 × 1.25 + 4
  = **-0.14**
- Bの重み：0.25 × 0.25 × 0.25 − 2 × 0.25 × 0.25 + 1 = **0.89**
- Cの重み：0.75 × 0.75 × 0.75 − 2 × 0.75 × 0.75 + 1 = **0.29**
- Dの重み：-1.75 × 1.75 × 1.75 + 5 × 1.75 × 1.75 − 8 × 1.75 + 4
  = **-0.04**

になり、(A, B, C, D) の値である (0.8, 0.6, 0.9, 1.0) と乗算し、

0.8 × -0.14 + 0.6 × 0.89 + 0.9 × 0.29 + 1.0 × -0.04 ＝ 0.643

となり、これが計算したかった値になります。さて、これを実際に 16 近傍に応用します。プログラムで表現してみましょう。

```cpp
double BicubicWeight(double t)
{
  double at = std::fabs(t);   // tの絶対値を求める
  if (at <= 1)
  {
    return at * at * at - 2 * at * at + 1;
  }
  if ((1 < at) && (at <= 2))
  {
    return - at * at * at + 5 * at * at - 8 * at + 4;
  }
  return 0;
}

Pixel Bicubic(Pixel c0, Pixel c1, Pixel c2, Pixel c3, double f)
{
  Pixel c;

  // 各点との距離から、重みを求める
  double w0 = BicubicWeight(f + 1);
  double w1 = BicubicWeight(f);
  double w2 = BicubicWeight(1 - f);
  double w3 = BicubicWeight(2 - f);

  // 各点と重みを乗算する
  double r = w0*c0.R + w1*c1.R + w2*c2.R + w3*c3.R;
  double g = w0*c0.G + w1*c1.G + w2*c2.G + w3*c3.G;
  double b = w0*c0.B + w1*c1.B + w2*c2.B + w3*c3.B;

  // 値が0から255を取るように調整
  if (r < 0) r = 0;
  if (r > 255) r = 255;
  if (g < 0) g = 0;
  if (g > 255) g = 255;
  if (b < 0) b = 0;
  if (b > 255) b = 255;

  c.R = r;
  c.G = g;
```

```
    c.B = b;
    c.A = 255;

    return c;
}

  for (int dy=0; dy<dh; dy++)
  {
    for (int dx=0; dx<dw; dx++)
    {
      double tx = mi * dx - 1;
      double ty = mi * dy - 1;

      int px0 = (int)tx;
      int py0 = (int)ty;
      double fx = tx - px0;  // X座標の小数部 (0以上1未満)
      double fy = ty - py0;  // Y座標の小数部 (0以上1未満)

      // 16近傍の点を取得する
      Pixel c[16];
      for (int y=0; y<4; y++)
      {
        for (int x=0; x<4; x++)
        {
          int idx = y * 4 + x;
          c[idx] = GetPixel(元画像, px0 + x, py0 + y);
        }
      }

      Pixel b[4];
      b[0] = Bicubic( c[0], c[1], c[2], c[3], fx);
      b[1] = Bicubic(c[4], c[5], c[6], c[7], fx);
      b[2] = Bicubic(c[8], c[9], c[10], c[11], fx);
      b[3] = Bicubic(c[12], c[13], c[14], c[15], fx);

      Pixel p = Bicubic( b[0], b[1], b[2], b[3], fy);

      SetPixel(描画先画像, dx, dy, p);
    }
  }
```

　上記のPixel c[16];で、**配列としてピクセルの値を参照**できるようにしています。c[0]やc[1]は、図のc0やc1のピクセルだと思ってください。
　b[0] = Bicubic(c[0], c[1], c[2], c[3], fx);は、以下の図のb0の値を求めています。b0は、c1からc2間のfxの位置にあります。b[1]、

b[2]、b[3]も同様に求めています。b0、b1、b2、b3が求まれば、Pはb1とb2間のfyの位置なので、Pixel p = Bicubic(b[0], b[1], b[2], b[3], fy);で求まります。

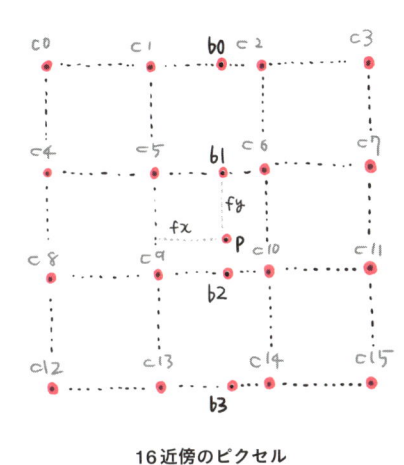

16近傍のピクセル

出力結果は以下のようになります。バイリニアフィルタリングに比べて、よりシャープな表現が得られています。

バイキュービックフィルタリングで拡大

3.05

画像を回転させる

画像処理のエッセンスが詰まっている

　画像の拡大/縮小に続いて、回転を取り上げます。回転処理には画像処理のエッセンスが詰まっています[注2]。順を追って、ポイントを見ていきましょう。

画像の回転転送

　回転処理も拡大/縮小と同じく、「転送先の座標から、転送元のピクセル座標を計算」して実現します。ただし、以下の図のように、サンプリングする際にスキャン方向を傾けます。

　通常の転送処理や拡大/縮小処理では、図左のように水平/垂直方向にサンプリング座標を進めていきました。回転処理では、図右のようにスキャン方向を回転角に応じて傾けます。

サンプリング方向を傾ける

注2　筆者は、1990年発売のエニックス（現スクウェア・エニックス）によるスーパーファミコンのゲーム『アクトレイザー』で、面が始まる前にマップがぐるぐる回転しながら拡大していく様子に衝撃を覚えました。また、『Second Reality』というメガデモにも似たようなエフェクトがありました。

座標を回転させる

あとは、座標をどうやって回転させるかです。座標の回転に関しては、高校数学で習っている方も多いでしょう。以下の図のように原点 (0, 0) を中心に θ 度だけ回転させるには、

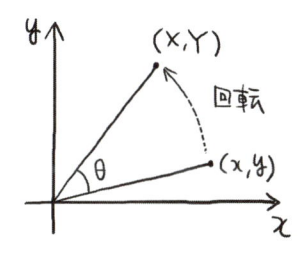

(x, y) を θ 度だけ回転させる

以下の式を使えばOKです。

$$\begin{pmatrix} X \\ Y \end{pmatrix} = \begin{pmatrix} \cos\theta & -\sin\theta \\ \sin\theta & \cos\theta \end{pmatrix} \begin{pmatrix} x \\ y \end{pmatrix}$$

$$\Downarrow$$

$$X = x \cdot \cos\theta - y \cdot \sin\theta$$
$$Y = x \cdot \sin\theta + y \cdot \cos\theta$$

式：座標回転の式

プログラムで実装してみると、以下のようになります。forループで画面全体をスキャンし (x, y) の位置に点を打っていく際に、その座標 (x, y) を角度rad（先ほどの式では θ）で回転させます[注3]。以下のプログラ

注3　rad (radian、ラジアン) は弧度法なので1回転で 2π (360°) です。

ムではコードの簡略化のため、一番近いピクセルを参照せず単純に整数に切り下げています。

```
for (int y=0; y<300; y++)
{
  for (int x=0; x<400; x++)
  {
    // (x, y)を回転させた座標が(sx, sy)
    double sx = cos(rad)*x - sin(rad)*y;
    double sy = sin(rad)*x + cos(rad)*y;

    Pixel p = GetPixel(元画像, sx, sy); // 回転後の座標のピクセルを取得
    SetPixel(描画先の画像, x, y, p); // 点を打つ
  }
}
```

実行結果

タイル状に並べる

　先ほどの結果で、黒い部分が多く表示されているのは、回転元の画像の範囲外を参照してしまっているからです。「範囲外の時は何も描画しない」という手もありますが、ここでは「タイル(Tile)状に画像をリピートして描画」する方法について考えてみましょう。

　たとえば、元画像が256×256pxだとすると、$(300, 400)$という座標は範囲外です。うまく繰り返しの座標を取得することはできないでしょうか。コンピュータで除算を行うと、余り(剰余)が取得できます。この剰余を使って、タイル状に並べた状態を作り出すことができます。

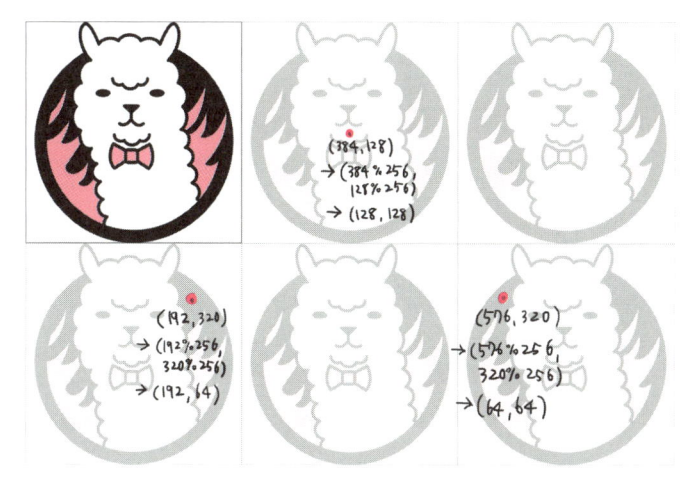

範囲外の座標を、範囲内に押し込める

　座標が正の場合、

```
X = x % 画像の幅
Y = y % 画像の高さ
```

となります[注4]。具体的には、

```
X = 300 % 256 = 44
Y = 400 % 256 = 144
```

となり、(44, 144) のピクセルを参照すれば、タイル状にリピート描画できます。

　「正の場合」とあるのは、負の値（マイナス）では（C言語では）剰余演算が使えず、タイル状に繰り返すような座標は取得できないからです。xを座標（整数）、wを画像の幅とすると、負の場合は、

```
int m = (-x) % w; // 正の値にして剰余を取得（mは0からw-1)
x = w - m; //元画像内の座標を反転
if (m == 0) x = 0; // 特別な対応
```

で求まります。

注4　%は剰余。割り算した時の「余り」。

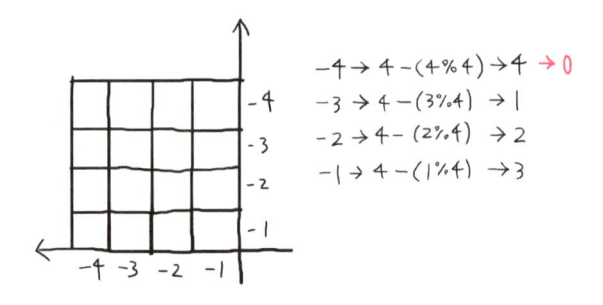

```
       -4 → 4-(4%4) → 4  → 0
       -3 → 4-(3%4) → 1
       -2 → 4-(2%4) → 2
       -1 → 4-(1%4) → 3
```

幅×高さ4pxの画像で、負の座標を考慮する

実際にプログラムで実装してみましょう[注5]。

```
for (int y=0; y<300; y++)
{
  for (int x=0; x<400; x++)
  {
    double sx = std::cos(rad)*x - std::sin(rad)*y;
    double sy = std::sin(rad)*x + std::cos(rad)*y;
    int ix,iy;

    if (sx > 0)
    {
      // ❶正の値なので、そのまま剰余
      ix = (int)sx; // 整数座標
      double fx = sx - ix; // 小数部
      if (fx >= 0.5) ix = ix + 1; // 次のピクセルの方が近い
      ix = ix % 256;
    }
    else
    {
      // ❷負の場合、単なる剰余ではうまくいかない
      ix = (int)floor(sx);
      double fx = sx - ix;
      if (fx >= 0.5) ix = ix + 1; // 次のピクセルの方が近い

      // 正の値にして剰余を取得
      int m = (-ix) % 256;
      ix = 256 - m;
```

注5　リスト中のfloorは小数の値を、マイナス方向の整数に切り下げた値を取得する関数です。たとえば、floor(-1.1)なら-2になります。

```
      if (m == 0) ix = 0;
   }

   if (sy > 0)
   {
      iy = (int)sy;
      double fy = sy - iy;
      if (fy >= 0.5) iy = iy + 1;
      iy = iy % 256;
   }
   else
   {
      iy = (int)floor(sy);
      double fy = sy - iy;
      if (fy >= 0.5) iy = iy + 1;

      int m = (-iy) % 256;
      iy = 256 - m;
      if (m == 0) iy = 0;
   }

   Pixel p = GetPixel(元画像, ix, iy);
   SetPixel(描画先の画像, x, y, p);
  }
}
```

出力結果は以下のようになります。

上記のコードの実行結果

(sx, sy)を取得した後、座標を調整すれば(除算や乗算)、以下の図のように高密度にパターンを敷き詰めることもできます。

高密度でタイルに敷き詰める

処理を最適化する

　先ほどのプログラムの序盤で出てきていたsin、cos命令は非常に重いので、1pxずつ呼ぶのはスマートではありません。よく考えてみれば、X方向のスキャンは足し算だけで済むはずです。

　無回転のタイル処理では、X方向のスキャン時に(X, Y) = (1, 0)だけ進みます。このスキャン方向が回転していれば良いわけで、先ほどの回転の式に当てはめると、

```
(X, Y) = (cosθ, sinθ)
```

となります。これが横ラインを描画する際の、スキャンの増分deltaX、deltaYとなります。

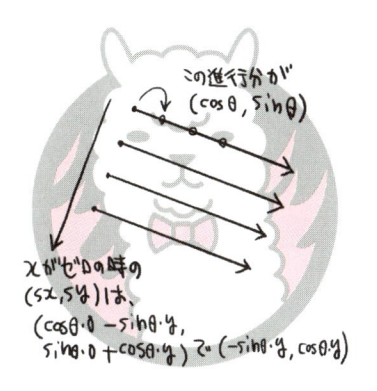

X方向のスキャンは、足し算だけで済む

実際のプログラムを見てみましょう。

```
// X方向に1px進んだ時の、元画像を進める分
double deltaX = cos(rad);
double deltaY = sin(rad);

for (int y=0; y<300; y++)
{
  // xが0の時の元画像の座標を取得
  double sx = -deltaY * y; // sx = -sin( rad ) * y
  double sy =  deltaX * y; // sy =  cos( rad ) * y

  for (int x=0; x<400; x++)
  {
    Pixel p = GetPixel(元画像, sx, sy);
    SetPixel(描画先の画像, x, y, p);

    sx = sx + deltaX; // X方向に変化分を加える
    sy = sy + deltaY; // Y方向の変化分を加える
  }
}
```

sin、cosの計算が激減していることがわかります。ずいぶん軽くなりました。

3.06

画像の変形

画像を変形して貼り付けたい

　前節では、画像の回転について考えました。画面いっぱいに敷き詰めることはできましたが、単体のキャラクターを回転/拡大/縮小させるようなゲームのキャラクターのような動きは、これでは表現できません。

　そもそも、以下の図のように画像の四隅を、任意の座標を指定して貼り付けられるようになれば、回転/拡大/縮小も表現できますし、歪んだ形に変形させることだってできます。しかし、そんな処理、どうやって実現すればいいのでしょうか。

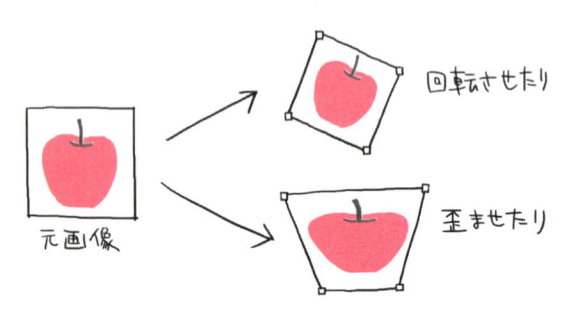

画像を任意の座標に貼り付ける

変形処理も、基本は多角形の描画と同じ

　このような変形処理も、基本的に三角形や多角形の描画のように、2辺間を塗りつぶしていく処理を繰り返すことで実現されます。以下の図のように、一番上の頂点から一番下の頂点まで、ラインと辺が交差する点を求めて（2ヵ所で交差するはずです）、その間を塗りつぶしていくわけです。

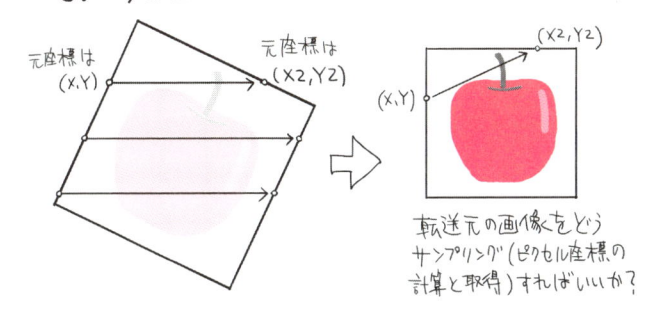

元座標を計算しながら、ラインを塗りつぶす

　多角形との違いは、ラインを単純に1色で塗りつぶすのではなく、1px進むごとに**元画像のどの位置のピクセルを参照すればいいのか計算**する必要があるということです。複雑そうですが、実はこれ、そんなに難しい話ではありません（加減乗除だけで可能です）。

　まずは**ラインと辺が交差する点**を求めます（左端の交点と、右端の交点）。その交差した点が、「元画像内のどの位置か」を求めます。頂点には、「描画先の座標」と「元画像の座標」が存在します。ということは、始点と終点にはそれぞれ、

- **始点**の座標：描画座標(dx, dy)、元画像内の座標(sx, sy)
- **終点**の座標：描画座標(dx2, dy2)、元画像内の座標(sx2, sy2)

という座標が保持されています。

交点の座標を計算する

　以下の図のように、**交差する点は頂点AとBを結ぶ辺上**にあります。ということは、その点の「元座標」は(sx, sy)と(sx2, sy2)を結ぶ直線上にあるということです。

　それでは**左側の交点の座標**を求めてみましょう。

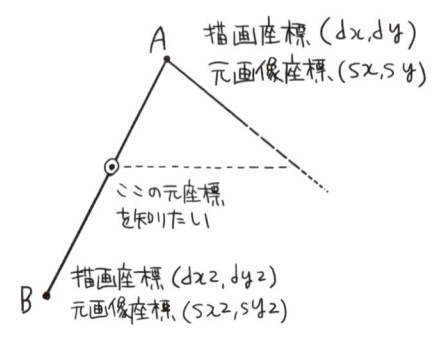

辺と座標と交点

　上図のAからBへは、Y座標をdyからdy2まで1pxずつ下に移動しながらラインを描画していくので、プログラムでは以下のようなループ処理になります。

```
for (int y=dy; y<dy2; y++)
{
  // ライン単位の処理
}
```

　ここからyの、AB間の位置がわかります。0ならAの位置、1ならBの位置という、0から1で表現することにしましょう。そうすると、

```
位置 = (y - dy) / (dy2 - dy)
```

となります。この位置（nとします）がわかれば、元画像の座標は以下で簡単に求まります。これが左辺とラインの交点の、元画像の座標です。

```
元画像のX座標 = sx + (sx' - sx) * n
元画像のY座標 = sy + (sy' - sy) * n
```

　右ページ上の図を見てみましょう。このように感じで、ラインと辺（左の辺）と交差する点Pの元画像座標(X, Y)が求まります。左がわかれば、右の交点の座標(X2, Y2)もわかります。ここまでわかれば、あとはラインの描画で座標を補間していけばOKです。

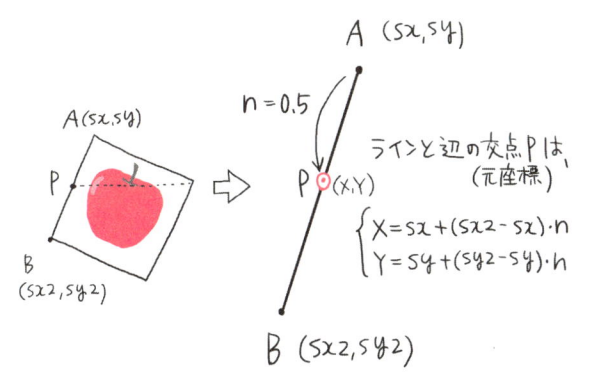

サンプリング元座標の計算

以下の図のように、右端の元座標から左端の元座標を引いたもの（右と左の差分）を、描画幅Wで除算した分だけサンプリング座標を進めながら描画していきます。

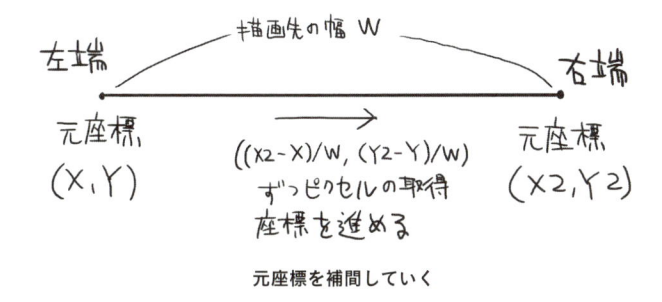

元座標を補間していく

変形させると歪む問題

　これで冒頭の図(p.164)のように、画像の四隅を自由な形で貼り付けられるようになりました。回転/拡大/縮小は破綻なく動作します。しかし、台形にした際（いわゆる変形処理）、この方法だと以下の図のように歪みが生じてしまいます。

歪んだ変形

このような時は、以下の図のように座標を分割します。**描画面積に応じて分割数をうまく調整**してみてください。

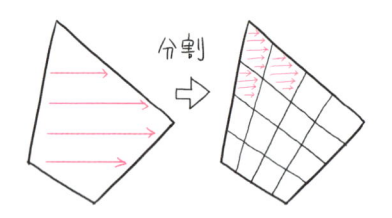

細かく分割して1ヵ所ずつ補間描画していく

破綻なく台形に変形させるのは難しいのですが、このように分割すると以下のとおり歪みは目立たなくできます。ただ、これはあくまで**簡単な解決法**なので、計算が得意な方はより良い方法を探してみてください。

歪みを減らした変形

3.07

レベル補正とガンマ補正

画像処理では欠かせないカラーフィルタ

　レベル補正（*Level correction*）やガンマ補正（*Gamma correction*）などのカラーフィルタ（*Color filter*）処理も、画像処理では欠かせません。一見複雑そうに思えますが、画像を描画する処理より考え方はシンプルです。順に見ていきましょう。

レベル補正と、ヒストグラム

　レベル補正とは、ヒストグラム（*Histogram*）の分布を調整するフィルタです。このヒストグラムとは、データの分布を視覚的に表現したものです。この場合のヒストグラムとは、画像全体のピクセルの各輝度の出現回数をグラフにしたものです。

ある画像のヒストグラム

（図中：明るい部分がない）

　R/G/B各8bit（256段階）の画像なら、`int histogram[256]`のような配列を用意しておき、輝度を添字（インデックス）にして各輝度のピクセルの数をカウントしていきます。

8bit値(0〜255)の明るさのヒストグラム

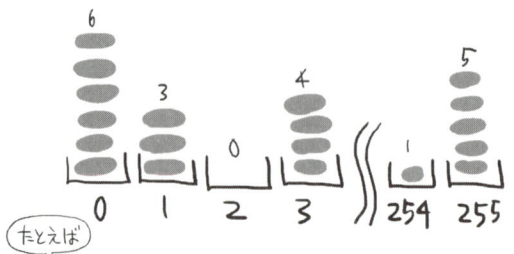

たとえば
・ピクセルの値が0なら、0のヒストグラムを1加える
・ピクセルの値が254なら、254のヒストグラムを1加える

画像のピクセル全体に対し、処理を行う

輝度をカウントする

このhistogram[256]の配列のインデックスを横軸に、各配列の値を縦軸にグラフ化したものが、前ページ下の図「ある画像のヒストグラム」です。このヒストグラムを見ると、右側(輝度の高い部分)に空間があります。これはつまり、以下の図右のように画像が暗い方に寄っているということです。

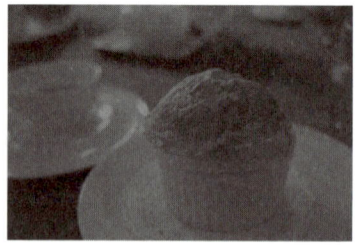

輝度をまんべんなく使った画像、暗い方に寄っている画像

レベル補正とは何か

　レベル補正はおもに、輝度を調整し、ヒストグラムの偏りをなくす処理に用いられています。以下の図左のような分布をしている画像を、図右のような分布になるように**マッピング**(*Mapping*)をしてやるわけです。

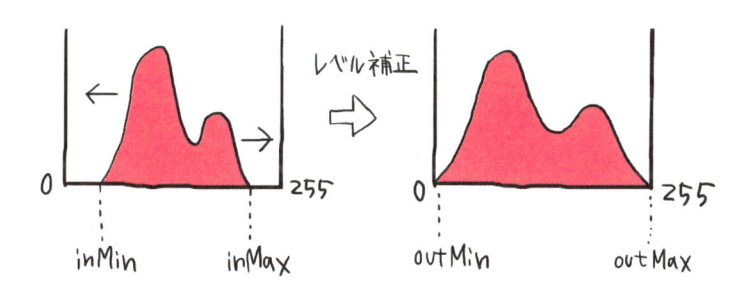

ヒストグラムの偏りをなくす

　これは**入力範囲(最小から最大)を出力範囲(最小から最大)に割り当て直す**、これがいわゆる**マッピング**という処理です。

- 最小入力：inMin
- 最大入力：inMax
- 最小出力：outMin
- 最大出力：outMax
- 入力値：input

とすると、補正後の値outputは、

```
double v = (input - inMin) / (inMax - inMin); // inMinからinMaxの位置 (0〜1)
if (v < 0) v = 0; // 下限
if (v > 1) v = 1; // 上限
output = outMin + v * (outMax - outMin);
```

となり、このマッピング処理を画像全体に行います。

ルックアップテーブル —— 事前に計算して、計算を簡略化

こういったマッピング処理は、ピクセルごとに計算を行う必要はなく、いわゆる**ルックアップテーブル**（*Lookup table*）という方法を取ると計算を簡略化できます。

たとえば、ARGB形式（各8 bit/256段階）のデータなら、**256パターンの入力値**に対して**256パターンが出力される**わけです。この**256パターンを前もって計算**しておけば、ピクセルごとに計算する必要はないということです。つまり、

```
double inMin = 0;
double inMax = 128;
double outMin = 0;
double outMax = 255;

int table[256];

// レベル補正用のマッピングテーブルを作る（ルックアップテーブル）
for (int i=0; i<256; i++)
{
  // vはinMinからinMax内の位置（0～1に収める）
  double v = (i - inMin) / (inMax - inMin);
  if (v < 0) v = 0;
  if (v > 1) v = 1;

  // 入力iは、table[i]にマッピングされる
  table[i] = outMin + v * (outMax - outMin);
}

for (int y=0; y<300; y++)
{
  for (int x=0; x<400; x++)
  {
    Pixel p = GetPixel(画像, x, y);

    // R、G、B各成分をレベル補正
    p.R = table[ p.R ];
    p.G = table[ p.G ];
    p.B = table[ p.B ];
    SetPixel(画像, x, y, p);
  }
}
```

という形で処理できます。このルックアップテーブルという考え方は、次のガンマ補正でも応用できます。

ガンマ補正

レベル補正に続いて、**ガンマ補正**を取り上げます。ガンマ補正は、**中間色（0.5、灰色の辺り）を中心に**「**全体的に明るく押し上げる**」または「**全体的に暗く押し下げる**」フィルタです。

以下の式は、輝度の入力値と出力値の関係です。**横軸が入力される値**で、**縦軸が出力される値**です。ガンマ補正に用いるパラメータを**ガンマ値**と呼びます。

$$V_{out} = V_{in}^{\gamma} \quad [\gamma : ガンマ]$$

式：ガンマ補正

ガンマ値は「1.0」を基準にします。1.0なら、入力値と出力値は同じになり変化はありません。1.0より大きくすると右下に押し下げられ、1.0より小さくすると左上に押し上げられます。これは、ガンマ補正とは上記の式により得られるからです。

以下の図からわかるように、ガンマ値が「2.0」だとすると、$0.5^{2.0}$で0.25になります。0.5という中間地点が0.5以下になるということは、右下に押し下げられていそうなことが想像できます。ガンマ値が0.5だとすると、$0.5^{0.5}$で約0.71となり左上に押し上げられていることがわかります。

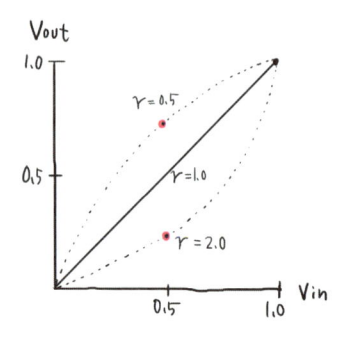

ガンマ値が2.0と0.5での補正

　先ほどのレベル補正のソースコードの「ルックアップテーブル」の箇所を、ガンマ補正を行うテーブルに差し替えれば、ガンマ補正を行うソースコードになります。

```
double gamma = 2.2;
int table[256];

// ガンマ補正用のマッピングテーブルを作る
for (int i=0; i<256; i++)
{
  double v = (double)i / 255; // 0から255を、0から1に
  v = std::pow(v, gamma); // ガンマ補正（std::powは累乗を求める関数）

  // 入力iは、table[i]にマッピングされる
  table[i] = 255 * v;
}
```

　レベル補正やガンマ補正は、重要ながら、比較的処理が軽いフィルタです。しかし、多くのカラーフィルタはもっと複雑な計算が必要です。たとえば、色相/再度/明度を操作するようなフィルタは、単純なルックアップテーブルに置き換えることはできません（R、G、B各要素の独立した計算ではないからです）。
　フィルタをプラグイン（*Plug-in*、ツールに組み込める追加プログラム）で実装できるグラフィックスツールもあります。興味のある方は、独自のフィルタを考案してみるのもおもしろいでしょう。

3.08

モザイクフィルタ

不透明度を考慮する重要性

　見せたくない部分を、元の画像がわからなくなる程度の大きなピクセルのような形状で隠す**モザイク**(*Mosaic*)処理。至る所で見かける処理なので説明は不要でしょう。さっそくしくみを見ていきます。

モザイク処理

モザイク処理は簡単

　モザイク処理は難しくありません。p.139で「ピクセルの平均色を求める」という処理をしましたが、それを応用したものです。
　たとえば、12×9pxの画像があり、3×3px単位のモザイクを処理するなら以下の図のような3×3pxの**平均色を求めて**、その平均色で求めた範囲(3×3)を塗りつぶします。3×3px処理したら、隣の3×3pxへ……といった具合です。

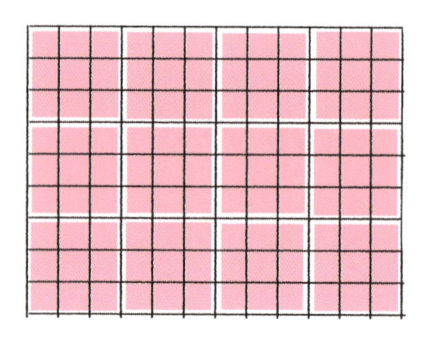

モザイク処理の単位

モザイク処理の実装

モザイク処理をプログラムで実装してみましょう。

```
int w = 256; // 幅
int h = 256; // 高さ
int m = 4;   // モザイクのサイズ

for (int y=0; y<h; y+=m)
{
  for (int x=0; x<w; x+=m)
  {
    // A、R、G、B値を累積するための変数
    int r = 0;
    int g = 0;
    int b = 0;
    int a = 0;

    // r、g、b、aの値を累積していく
    for (int j=0; j<m; j++)
    {
      for (int i=0; i<m; i++)
      {
        int px = x + i;
        int py = y + j;
        Pixel p = GetPixel(画像, px, py);

        r = r + p.R;
        g = g + p.G;
        b = b + p.B;
```

A

```
      a = a + p.A;
    }
  }

  // ❶平均色を求める          🅐(続き)
  Pixel p;
  p.R = r / (m * m);
  p.G = g / (m * m);
  p.B = b / (m * m);
  p.A = a / (m * m);

  // ❷平均色で塗る
  for (int j=0; j<m; j++)
  {
    for (int i=0; i<m; i++)
    {
      int px = x + i;
      int py = y + j;
      SetPixel(画像, px, py, p);
    }
  }
}
```

　まず、モザイクのサイズを決めます。ここではmで4が設定されています。

```
for (int y=0; y<h; y+=m)
```

とありますが、これはyをmずつ進めるという意味です。今まで何度も出てきているfor文では、

```
for (int y=0; y<h; y++)
```

という形でした。「y++とはyを1増やす」という意味で、「y += mというのはyをm増やす」という意味です。つまり、先ほどのプログラムではx座標もy座標もモザイクのサイズmだけ進めるということです(以下の図参照)。**モザイク単位で座標を移動**していく様子がわかります。

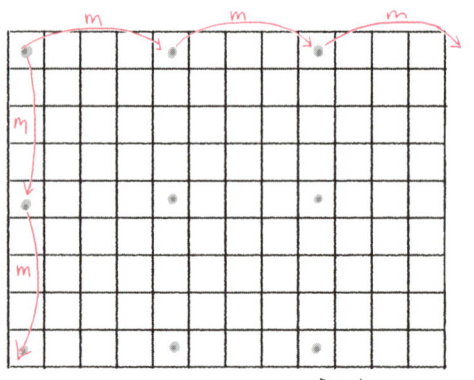

座標を m ずつ飛ばして進める

　座標を移動するごとに、m × m の範囲の色の平均を求めて（前出のプログラムの❶の処理）、その後 m × m の範囲を平均色で塗りつぶせば（前出のプログラムの❷の処理）モザイク処理の完成です。

不透明度の扱い

　さて、先ほどのプログラムには問題があります。**透明度付きの画像だと綺麗に処理できない**からです。先ほどのコードで、次の図のような**背景が透過する画像**を、

モザイクをかけたい透過 PNG 画像

モザイク処理した結果が、以下の図です。少しわかりにくいですが、エ

ッジに「黒い滲み」が出ていることがわかります。

モザイクをかけたら黒い滲みが出た

　これは、不透明なピクセルと透明（半透明）なピクセルが、同じ強さで影響していることによります。たとえば、「限りなく透明な黒」と「不透明な白」の平均色を想像してみてください。何となく、「半透明な、とても明るい灰色（ほぼ白）」になるように思えます。少なくとも、（半透明な）灰色になるほど暗くなるようには思えません。

　　　　　透明なピクセルほど、色への影響が少ない。

これは何となくイメージしやすいですね。

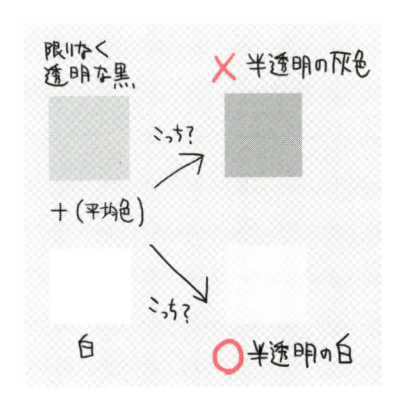

限りなく透明な黒と白を混ぜると……

不透明度を考慮して平均色を求める

先ほど示したp.176のプログラムの**A**部分は、ピクセルの平均色を求めていました。たとえば、モザイク1個の大きさが4×4pxだとして、

❶ピクセルの成分（r/g/b/a）累積用の変数を初期化する
❷4×4pxに対して（forループで）ピクセルを取得し
❸各成分の累積変数に、ピクセルの成分を加えていく
❹r/g/b/aの累積値を、累積回数で除算し、平均を求める

という処理を行っていました。ここで問題なのは、どのピクセルも同じように累積させていったことです。透明な部分のピクセル値は「不透明度が0、RとGとBも0」です。RGBだけで見れば黒です。でも、本当（？）は透明なのです。平均色を求める時、その黒の影響がないようにしなければいけません。

そこで、ピクセル成分の累積の際に不透明度を乗算して加えるようにします。不透明度（p.A）が0、つまり完全に透明なら累積されません。不透明が255なら、R/G/B値に255を乗算した値が累積されていきます（不透明度Aは、そのまま累積させていきます）。

すると、不透明なピクセルほど累積の影響が大きくなります。先ほどの不透明度を考慮しない場合、最後に、累積させた回数で除算して平均値を求めていました。不透明度を考慮した場合、R/G/Bの値は最後に、累積させた不透明度で除算します。A値（不透明度）は最後に累積させた回数で除算します。

具体的に計算してみましょう。

```
(A, R, G, B) = (255, 255, 255, 255) // 不透明な白
(A, R, G, B) = (255, 255, 255, 255) // 不透明な白
(A, R, G, B) = (16, 0, 0, 0) // ほぼ透明な黒
```

という3つのピクセルを平均を求める場合、不透明度を考慮しない場合、

```
(A, R, G, B ) = ((255+255+16)/3, (255+255+0)/3, (255+255+0)/3, (255+255+0)/3)
```

つまり、以下となります。

```
(A, R, G, B ) = (175, 170, 170, 170)
```

だいぶ灰色に近づいてしまいます。一方、**不透明度を考慮した場合**、

```
(A, R, G, B ) =
  ( (255 + 255 + 16) / 3,
    (255*255 + 255*255 + 16*0) / (255 + 255 + 16),
    (255*255 + 255*255 + 16*0) / (255 + 255 + 16),
    (255*255 + 255*255 + 16*0) / (255 + 255 + 16) )
```

となります。

```
(A, R, G, B) = (175, 247, 247, 247)
```

不透明度を考慮しない場合と比べ、色として**だいぶ白に近い**です。**ほとんど透明な黒が平均色にあまり影響を与えない**。この方が直感的です。

不透明度を考慮したモザイク処理

では、実際に不透明度を考慮したモザイク処理をプログラムで表現してみましょう。

```
int w = 256; // 幅
int h = 256; // 高さ
int m = 7;   // モザイクのサイズ

for (int y=0; y<h; y+=m)
{
  for (int x=0; x<w; x+=m)
  {
    // A/R/G/B値を累積するための変数
    int r = 0;
    int g = 0;
    int b = 0;
    int a = 0;

    int count = 0;
    for (int j=0; j<m; j++)
    {
      for (int i=0; i<m; i++)
```

```
    {
      int px = x + i;
      int py = y + j;
      Pixel p = GetPixel(画像, px, py);

      r = r + p.A * p.R;  // 赤成分を不透明度で重みを付けて累積
      g = g + p.A * p.G;  // 緑成分を不透明度で重みを付けて累積
      b = b + p.A * p.B;  // 青成分を不透明度で重みを付けて累積
      a = a + p.A;  // 不透明度を累積
      count = count + 1;  // 累積回数を1足す
    }
  }

  // 透明なピクセルとして初期化
  Pixel p;
  p.R = 0;
  p.G = 0;
  p.B = 0;
  p.A = 0;

  // 透明な場合「ゼロ除算」が起こるので、不透明な場合のみ計算
  if (a != 0)
  {
    p.R = r / a;  // 不透明度を考慮して、赤成分を計算
    p.G = g / a;  // 不透明度を考慮して、緑成分を計算
    p.B = b / a;  // 不透明度を考慮して、青成分を計算
    p.A = a / count;  // 不透明度を求める
  }

  // 正しい平均色で塗る
  for (int j=0; j<m; j++)
  {
    for (int i=0; i<m; i++)
    {
      int px = x + i;
      int py = y + j;
      SetPixel( 画像, px, py, p );
    }
  }
 }
}
```

出力結果は以下のようになります。

滲みの出ないモザイク処理の結果

先出の図と比べてみると、エッジ部分の**黒い滲みが出なくなっています**。暗い画像だと気づきにくいですが、こういった明るい色だと**透明なピクセルに重みを付けるか付けないか**で画質に大きな違いが出てきます。

Column

Qt（キュート）でCGプログラミング

　本書を読み終えた頃、「自分もCGプログラミングに挑戦したい」と思う方もいるかもしれません。プログラミングには、パソコンと開発環境（ソフトウェア）が必要です。パソコンが必要なのは仕方ないとして、開発環境はメジャーなものやマイナーなもの、有償のものと無償のものがあります。

　筆者がお勧めするのは、Qt（キュート）という開発環境です。Qt用の統合開発環境（IDE、*Integrated Development Environment*）にはQtCreatorがあります。Windows/Macで動作する、便利なC言語（C++）を使った無償の開発環境です。FireAlpaca/MediBang Paint Pro/NekoPaint Cute も Qtで開発されています。

3.09

ぼかしフィルタ

周辺の平均色を求める、負荷の高い処理

　画像をぼかす**ぼかし処理**は、画像編集には欠かせません。画像編集以外にも、WindowsやiOS（Appleのモバイル向けOS）の**すりガラス効果**（*Frosted glass effect*）で使用されています。PlayStation 3のTV視聴/録画アプリtorne（トルネ）でも番組情報を表示している際に、背景をぼけさせています。昔は（そう昔ではありませんが）何かを目立たせる際に**背景を暗くしていました**が、最近ではGPU性能の向上もあってか、背景をぼかす方法が目立つようになってきました。

　本節では、ぼかし処理について考えます。

ぼかし処理。右はウィンドウが上に重なり背景のアイコンがぼけている

ぼかし処理、いろいろ ── モザイク処理との違い

　ぼかし処理にも、いろいろあります。ガウスぼかし（*Gaussian blur*、後述）、モーションブラー（*Motion blur*、移動ぼかし）、ラジアルブラー（*Radial Blur*、放射状ぼかし）などです。**ブラー**（*blur*）とは**ぼかし**のことです。画像処理において、**ぼかす**とは、ある点に対して**周囲の色の平均を計算する**（そしてその値で上書きする）処理になります。

　「平均……モザイクみたいなもの？」と思われたはずです。モザイクも確かに平均を取る処理ですが、**ピクセルごとに計算する必要はない**（モザ

イクの大きさの単位ごとに計算)ので、負荷は低く、見た目もデジタルな感じです。ぼかし処理は、**すべてのピクセル**に広範囲の平均処理が必要であり、より自然な表現を求めて行われるものです。

周辺15×15pxをぼかしてみる

　ぼかし処理を実装してみましょう。ここでは、15×15pxの平均を求めてみます。256×256pxの画像に対してぼかしをかけます。

```
int m = 15; // 周辺15×15px
int n = m / 2; // 15なら7（左右に7pxずつ）

for (int y=0; y<256; y++)
{
  for (int x=0; x<256; x++)
  {
    Pixel p;

    int r = 0; // 「赤」の累積を初期化
    int g = 0; // 「緑」の累積を初期化
    int b = 0; // 「青」の累積を初期化
    int count = 0; // 「累積回数」を初期化

    // x、y周辺15×15pxを累積し、
    for (int ny=-n; ny<=n; ny++)
    {
      for (int nx=-n; nx<=n; nx++)
      {
        p = GetPixel(元画像, x+nx, y+ny);

        // 透明（画像範囲外）は除外する
        if (p.A != 0)
        {
          r += p.R; // 「赤」を累積
          g += p.G; // 「緑」を累積
          b += p.B; // 「青」を累積
          count++; // 「1回」累積
        }
      }
    }

    // 累積した回数で除算すれば、平均値に
    p.R = r / count;
```

3 画像処理 画質は良く、コンピュータの処理負荷は低く

```
    p.G = g / count;
    p.B = b / count;
    p.A = 255;

    // ぼかした色で描画
    SetPixel(先画像, x, y, p);
  }
}
```

出力結果は以下のようになります。

ぼけ画像

　もちろん、広い範囲の平均を取った方が「ぼけ具合」は強烈になります。しかし、範囲を広くするごとに、処理時間は長くなります。5×5pxと20×20pxでは、計算量が**16倍**にもなります。

X方向にぼかし、Y方向にぼかす

　Photoshopなど、画像編集ツールにあるぼかしフィルタ。面積を大きくしても、計算が凄まじく重くなる印象は**ありません**。何か秘密があるのでしょうか。
　実は、**縦方向にぼかした後、横方向にぼかす**という処理をしても同じ結果が得られます。たとえば、以下の図のように5×5pxの平均を求めたいとします。まずは縦方向に5pxぼかして、一時的な画像として出力します。その一時的な画像を今度は横方向にぼかせば、5×5pxのぼかし

の完成です。5×5pxなら25回の処理が10回に、100×100pxなら10,000回の処理が200回になります。

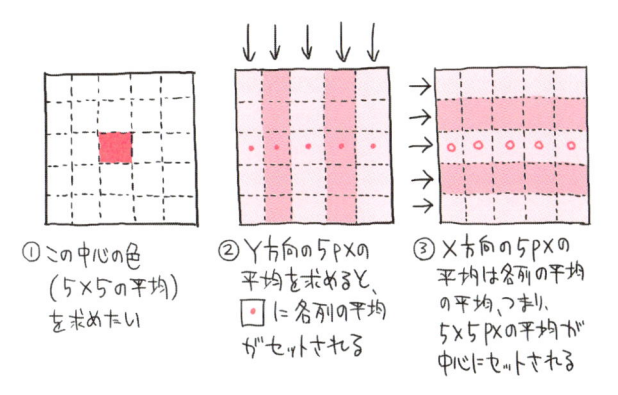

縦と横のぼかしを組み合わせる

ガウスぼかし── 偏りのある分布を利用する

ガウスぼかしとは**ガウス分布**（*Gaussian distribution*）を使ったぼかしです。ガウス分布は**正規分布**（*Normal distribution*）とも呼ばれ、先に次ページの2つの図のような確率密度[注6]を持った分布になります。

「確率」と言えば、サイコロです。以下の図をご覧ください。

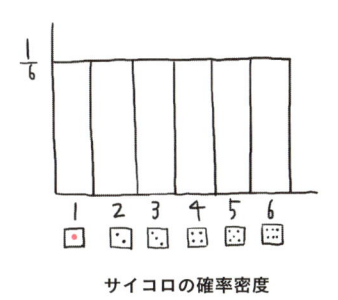

サイコロの確率密度

注6　確率密度（確率密度関数）は、連続的に確率が変化する状態を表現した図（関数）です。

サイコロを振れば、1/2/3/4/5/6の目が、等しい確率で出ます。何百回何千回と振り続ければ、先ほどの図のような値と確率に近づいていくはずです。

しかし世の中、そのようなどれも等しい確率でランダムさが出現するばかりではありません。たとえば、日本人成人男子の平均身長は約170cmですが、170cm前後の身長の人が一番多く、175cmや165cmの人は少し少なくなり、180cmや160cmの人はぐっと少なくなります。このように、**偏りのあるランダムさ**は自然界には多く存在します。

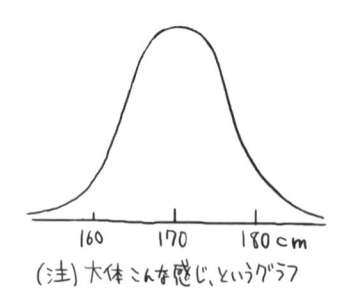

成人男子の身長の分布

ガウス分布の特徴

ガウス分布には、**どこを中心にするか**というパラメータ μ（下図では μ は0です）と、**どれだけ広がり（平たさ）があるか**というパラメータ σ を持ちます。以下の図のグラフを見れば何となく想像できるでしょうか。

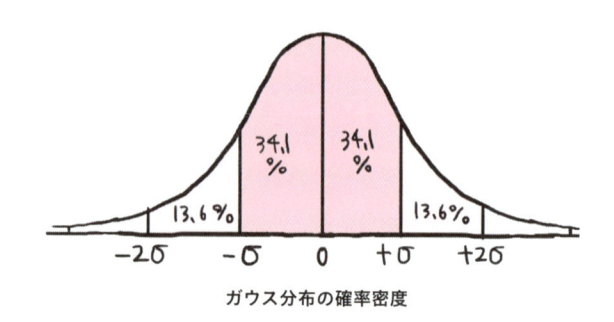

ガウス分布の確率密度

ガウス分布は上記の図のように、σが「±1σの範囲」に68.27％、「±2σの範囲」に95.45％、そして「±3σの範囲」に99.73％が収まります。つまり、ガウス分布で**Nの範囲**をぼかしたい場合は、**σをN/6**にすれば良さそうです（±3シグマがほぼ全部収まるので）。

　先ほどのぼかしでは、周辺の平均を求める際に、中心のピクセルも遠くのピクセルも**同じ重み**で計算していました。**ガウスぼかし**では、ガウス分布のように**中心のピクセルに大きな重み**を持たせ、**遠くのピクセルは重みを小さくして**（あまり影響がないようにして）平均を求めます。

　重みを持たすということは、p.176のモザイク処理のように**色を累積させる際に重みを持たせる**ということです。ガウスぼかしの場合、**不透明度**に加えて**ガウス分布の重み**（0から1）も考慮するということです。

　ガウスぼかしも、先ほどのように**縦にぼかしてから横にぼかします**（またはその逆）。

ガウスぼかしのコード

　以下、具体的なコードを見てみましょう。ここでは、**不透明度がない**という前提でコードを簡略化します。まずは、ガウス分布の値を取得する関数を定義しておきます。

```
double Gauss( double sigma, double pos )
{
  return std::exp( -(pos * pos) / (2 * sigma * sigma) );
}
```

以下、ぼかし処理の本体です。

```
int m = 30; // 大きめにぼかす
int n = m / 2;
double sigma = m/6;

Pixel p;

// 縦方向のぼかし
for (int y=0; y<256; y++)
```

```
{
  for (int x=0; x<256; x++)
  {
    double r = 0;
    double g = 0;
    double b = 0;
    double weight = 0;

    for (int ny=-n; ny<=n; ny++)
    {
      p = GetPixel(元画像, x, y+ny);
      if (p.A != 0)
      {
        // 重みを考慮して累積
        double gauss = Gauss(sigma, ny);
        r += p.R * gauss;
        g += p.G * gauss;
        b += p.B * gauss;
        weight += gauss;
      }
    }

    // 重みを考慮して平均を求める
    if (weight > 0)
    {
      p.R = r / weight;
      p.G = g / weight;
      p.B = b / weight;
      p.A = 255;
    }

    // 一時的な画像に、縦にぼかした画像を描画
    SetPixel(一時的な画像, x, y, p);
  }
}

// 横方向のぼかし
for (int y=0; y<256; y++)
{
  for (int x=0; x<256; x++)
  {
    double r = 0;
    double g = 0;
    double b = 0;
    double weight = 0;

    // 縦にぼかしてある画像を、横にぼかす
```

```
    for (int nx=-n; nx<=n; nx++)
    {
      p = GetPixel(一時的な画像, x+nx, y);
      if (p.A != 0)
      {
        double gauss = Gauss(sigma, nx);
        r += p.R * gauss;
        g += p.G * gauss;
        b += p.B * gauss;
        weight += gauss;
      }
    }

    if (weight > 0)
    {
      p.R = r / weight;
      p.G = g / weight;
      p.B = b / weight;
      p.A = 255;
    }

    // 縦と横にぼかした画像が描画される
    SetPixel(最終結果の画像, x, y, p);
  }
}
```

出力結果は以下のようになります。

ガウスぼかしの結果

先ほどの重みを持たせないぼかしに比べ、**かなり自然に、綺麗にぼけている**印象です。ぼかす面積を増やした際に、その違いは顕著になります。

3.10

バケツ塗りつぶし

閉じた領域を塗りつぶす

　バケツツールは、ペイントツールの基本的な機能で**閉じた領域を塗りつぶす**ツールです。アルゴリズム自体は、**フラッドフィル**（*Flood fill*）または**シードフィル**（*Seed fill*）と呼ばれています。イラストを描くのに欠かせないこの機能ですが、どのように実装されているのでしょうか。

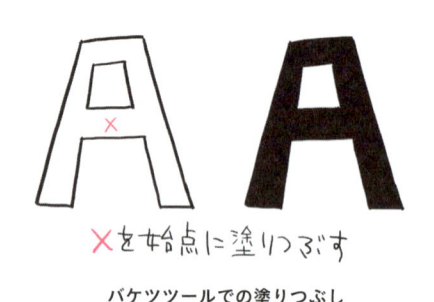

バケツツールでの塗りつぶし

始点の指定 ——左右探索

　まずは**始点**を指定します。隣接するピクセルが同じ色（近い色）の間、順々に領域を広げていきましょう。さて、どうやって領域を調べていけば良いのでしょうか。上下左右、どの方向に調べていっても良いように思えます。しかし、**メモリアクセスは連続領域の方が速く行える**ということでした。

　というわけで、左右に探索をしていきましょう。以下の図を見てみましょう。まずは左端です。始点の色と違う色に変化する場所まで探索していきましょう。同様に、右端も見つけます。そして、見つけた左右の

間を塗りつぶします。

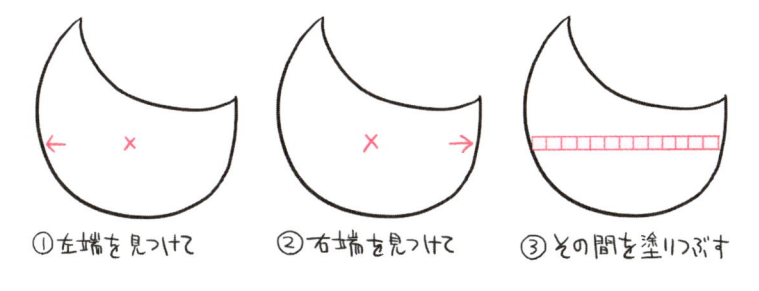

①左端を見つけて　②右端を見つけて　③その間を塗りつぶす

左端と右端を見つけ、その間を塗りつぶす

シードフィル

　続いて、左右の塗りつぶしていく際に、「上は空いているか、下は空いているか」もチェックしていき、次の塗りつぶし候補を用意していきます。この次の候補をシード（Seed、種）と呼ぶことがあるのが、シードフィルと呼ばれる理由です。

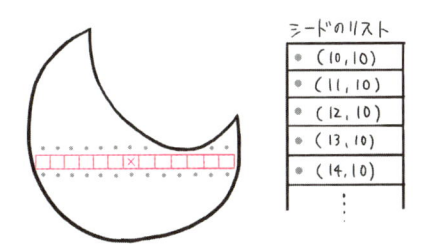

シードのリスト
- (10,10)
- (11,10)
- (12,10)
- (13,10)
- (14,10)
- ⋮

「●」が次の始点。(左右に探索し、シードを置いていく始点)。
元にした(探索した)シードは破棄する

シードフィル

　シードは、リストとして保存(追加)していきます。シードを元にした

左右塗りつぶしが終わったら、そのシードは破棄していきます。そうして順繰り、シードがなくなるまで左右塗りつぶし＆シード探しを行っていき、シードがなくなるまで繰り返していきます。シードの位置がすでに塗りつぶされていれば、そこは無視すれば良いわけです。

シードが多くなり過ぎたら？

これでうまくいくのは間違いないですが、シードが多くなり過ぎる(何MB、何十MBになる)問題もあります。以下の図の例だと、どのみちほとんどのシードはその行の塗りつぶし時に破棄されることになります。破棄されるであろうシードは最初から追加しないようにできないでしょうか。

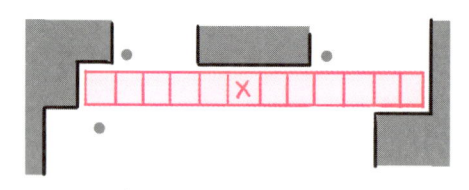

最小限のシードを保存する※

※上部中央にあるグレーの島の部分は、塗りつぶせない領域(明らかに違う色の領域)。

この場合、たとえば左側から右側に見ていくとしたら、上記の図の点(シード)のような「シードを置けない場所から、シードを置ける場所になった時だけ、シードを追加する」という処理をすれば、最小限のシードで済みそうです。このように処理の無駄を省いていくことは、CPUやメモリを有効活用する上でとても大切です。

第4章
ペイントツールのしくみ
画像データをどう持つか、画像データをどう表示するか

4.01

ペイントツールの大まかなしくみ

レイヤー、キャンバス、描画と画面表示

　一般論ではなく、これまで開発してきた経験による考えですが、ペイントツールの設計(しくみ)は、

　①レイヤー(画像)をどう持つか
　②レイヤーをどうキャンバスに合成/表示するか
　③レイヤーへの描画から画面表示まではスムーズか

に掛かっています。順に見ていきます。

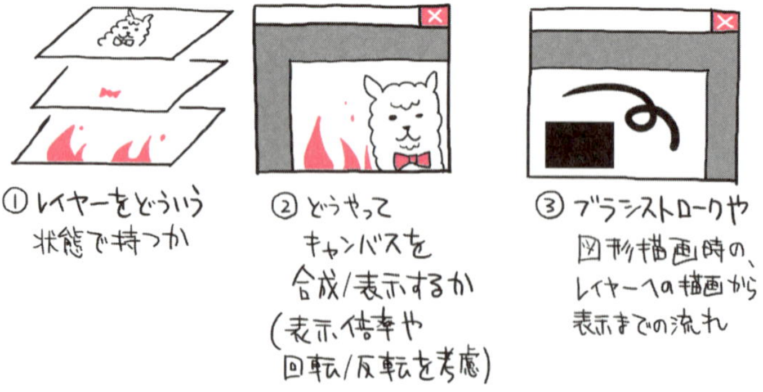

①レイヤーをどういう状態で持つか
②どうやってキャンバスを合成/表示するか(表示倍率や回転/反転を考慮)
③ブラシストロークや図形描画時の、レイヤーへの描画から表示までの流れ

レイヤーをキャンバスに合成し表示する

ペイントツール設計の3つのポイント

　上記の①は、レイヤーの画像をどう持つかという問題です。どのように画像を確保するのか。レイヤーが移動した時にどのように対応するの

か。メモリはどれくらい消費するのか。キャッシュを持つのか。何十枚何百枚とレイヤーを扱うには、それなりの工夫が必要です。

②は、レイヤーの合成と、合成画像のキャンバス表示のしくみです。レイヤーをどのタイミングで合成するのか。レイヤーを合成したキャンバスをどう生成するのか。表示の拡大/縮小にどう対応するのか。回転させた時の負荷はどうか。表示品質に問題はないか。考えることは山積みです。

③については、図形の描画やブラシストローク時に、どのようにレイヤーに描画するのか、そして表示にどう反映させるのか、などにかかわります。単に1枚の画像に描画をするのと、表示のことまで考えた複雑なしくみを考慮するのとでは、大きく違ってきます。

＊　＊　＊

これらの**レイヤーの保持**から**画面への表示**までの一連の流れを、いかに**高速**に、**高品質**に行うかが設計の鍵となります。

レイヤーとキャンバスについて

レイヤーは**画像のリスト**であり、上下の位置関係を持っています。下のレイヤーから順番に、上のレイヤーまで合成していき、すべてのレイヤーが統合された画像を生成します。この**統合された画像**を、本書では「キャンバス」と呼ぶことにします。

レイヤーとは、もちろん**画像**です。画像は**メモリとして確保**されています。コンピュータのメモリは有限ですから、無尽蔵にレイヤーを使うことはできません。そこで必要なのが、最小限のメモリで済むような工夫です。少ないメモリで処理することにより、ソフトウェアの安定性が大きく向上します。パソコンには、メモリに入りきらなかったデータをHDDに追い出す（必要になったら戻す）機構があり、これによりOSを安定動作させる一方、処理が重くなる原因でもあります。

以上の話について、本書内の関連解説および掲載箇所をまとめると以下のとおりです。適宜参照してみてください。

- レイヤーのキャンバスへの合成について(→p.203)
- 画像はメモリ上に確保される(→p.200)
- レイヤーの効率的な確保について(→p.200)
- メモリとHDD/SSDの関係(→p.29)

キャンバスの内容を表示する

　大きなキャンバス(たとえば6,000 × 8,000pxなど)は、フルHD程度のディスプレイには等倍で表示することができません。キャンバス全体を見渡すには、縮小表示をする必要があります。綺麗に縮小するには、コスト(処理時間)がかかります。高速に、それなりの速度で処理する工夫があります。

　また、キャンバス表示は回転もできるのが一般的です。回転表示の際には、バイリニアフィルタリングなどを用いてジャギが出ないように処理しています。メモリの内容(画像)を画面上に表示するには、OSのAPIを経由する必要があります。

　キャンバス内容の表示について、本書内の以下の関連解説が参考になるでしょう。

- 画像を綺麗に縮小する(→p.138)
- ミップマップについて(→p.142)
- 画像を回転させる(→p.156)
- フィルタリングについて(→p.146)
- 画像が表示されるしくみについて(→p.10)

レイヤーへの図形描画から表示まで

　ペイントツールでは、マウスやペンタブレットからの座標入力で、ブラシストロークを実現します。ブラシの軌跡は、円を繋げることで可能です。図形描画では、アンチエイリアシング処理がとても重要です。サ

ブサンプリングを駆使するなどして綺麗に描きます。

　グラフィックス処理は、処理面積が増えるほど負荷が高くなります。ブラシ処理による、レイヤーの部分的な更新の場合、できるだけ処理する面積を小さくして、快適なレスポンスを得られるようにします。しかし、太いブラシや複雑なブラシなど、どうしても負荷が高くなることがあります。そんな時は、曲線補完処理を行うことでブラシストロークを滑らかに見せることができます。

　ブラシ処理を何度も行うと、計算誤差が発生して画質の劣化を招くこともあります。自分のスタイルにあったピクセル形式を理解し、クリッピング（*Clipping*、後述）やフォルダー（*Folder*、後述）を使って効率を上げることで、制作物のクオリティを高めていきましょう。

　レイヤーへの図形描画および表示については、本書内の以下で触れていますので適宜参照してみてください。

- 円を描画する（→p.103）
- 曲線を引く（→p.117）
- 計算を繰り返せば劣化する（→p.217）
- ピクセル形式と色深度について（→p.75）
- クリッピングとフォルダー（→p.213）

4.02
画像は必要な分だけ確保されている
ライン単位、タイル単位

　もし、ペイントツールに「最大レイヤーは3枚までです」などという制限があったら、「うわ、最大レイヤー、少な過ぎ」とがっくりするのではないでしょうか。パソコン用のペイントツールなら、空のレイヤーならいくらでも追加できるのが普通です。一方、モバイル向けのOSであるiOSやAndroid用のアプリでは、最大レイヤーが決まっているペイントツールが多いです。

　でも、よく考えてみると「レイヤーをいくらでも増やせる」方がおかしいですね。レイヤー（画像）を追加したら、それだけメモリを確保しなければいけないわけです。幅と高さが10,000pxでARGB形式ならレイヤー1枚で400MBです。レイヤーを10枚で、4GBになってしまいます。実際は、どうなっているのでしょうか。

不透明な部分だけメモリを確保する

　実は、レイヤーというのは、本格的なツールでは必要な部分（不透明な部分）しかメモリ上に存在していません。たとえば、レイヤーの一部に「目」だけが描かれたものなら、周囲の透明な部分はメモリ上に確保しないようになっています（右ページ上の図を参照）。

　さて、どのタイミングで画像を確保すれば良いのでしょうか。タイミングは「必要になる直前」に確保することになります。最初は、画像は空であり、図形などを描画したい場所が空だったら直前にその部分をメモリ確保し使えるようにしてやれば良いわけです。

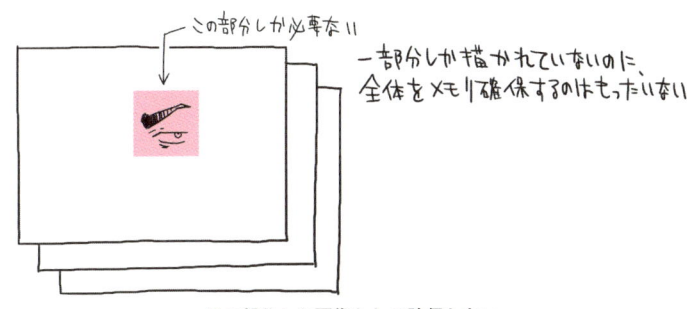

目の部分しか画像として確保しない

　肝となるのは、**どのような単位で領域を確保していくか**です。ピクセル単位で確保する……？ 残念ながら、あまりに小さい粒度というのは向いていません。ある程度の「まとまり」が必要です。

ライン単位に画像を確保する方法 ──画像確保の単位❶

　まずは「ライン単位に画像を確保する方法」です。100×100pxの画像があったとしたら、100×1pxの横長の画像単位で確保します。メリットは「簡単に実装できる」「高速処理できる」という点、デメリットは「メモリ効率が悪くなることがある」という点です。たとえば、**縦に長い線**を描画したら、**画像全体を確保**することになってしまうからです。

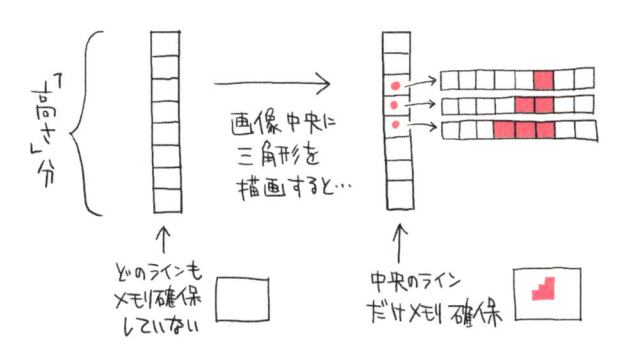

ライン単位で確保

タイル単位で画像を確保する方法 ── 画像確保の単位❷

　次に「タイル単位に画像を確保する方法」です。100×100pxの画像があったとしたら、10×10pxのタイル状の小さな画像を横10個、縦10個並べるわけです。メリットは「メモリ効率が良い」、デメリットは「実装が多少複雑」「処理効率が落ちる」といったところです。

　タイルの大きさは、よく考える必要があります。小さ過ぎると処理効率が落ち、大き過ぎるとメモリ効率が悪くなります。

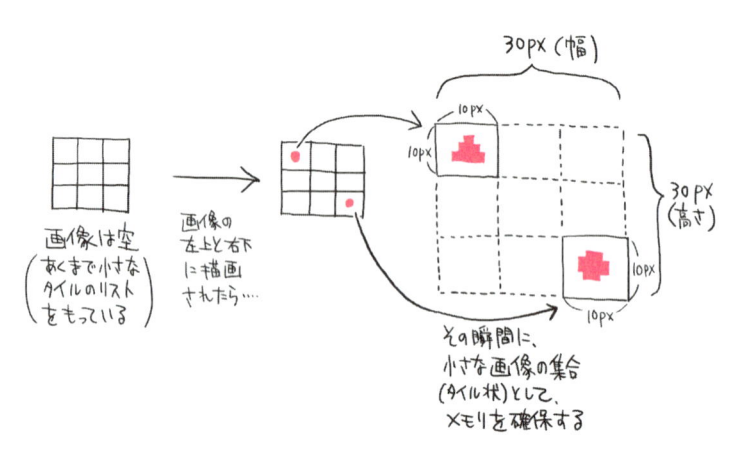

タイル単位で確保

＊　＊　＊

　もちろん、他にもいろいろな方法があります。普段利用しているペイントツールがどのような実装をしているのか、見方を変えて想像してみるのも楽しいかもしれません。

4.03

レイヤーの合成

レイヤーとは何か、キャンバスとは何か

一般的に、紙にイラストを描く場合、次のような手順を踏みます。

❶下書きをする
❷ペン入れをする
❸水彩やコピックなどのマーカーで彩色する

鉛筆で下書きをして、ペン入れをしたら下書きを消しゴムで消し、彩色をする。消しゴムをかけてもペン入れした線は消えませんし、彩色してもペンの線画に影響はありません（影響がないような画材を使います）。コンピュータで同じような方法でデジタルイラストを描くと、どうなるでしょうか。

コンピュータで絵を描く手順

コンピュータで絵を描く場合も、❶下書きから❷ペン入れまでは問題ありません。ただ、**下書きを消すのに苦労**するでしょう。ペン入れした線を綺麗に保ったまま、下書きの余計な箇所を削っていく作業……想像もしたくありません。**下書きだけ一気に消したい**です。ブラシで彩色した際も、細心の注意を払ってブラシ処理をしていかないと、**線画の上にはみ出て**しまい、線画が消失して見栄えの悪いイラストになってしまいます。

下書きの部分だけ消していくのは大変

レイヤーに分けて作業する

　そんな時に役立つのが レイヤー という概念です。レイヤーを使えば、下書き、ペン入れ、彩色の作業を 独立した画像（互いに影響を受けない画像）として扱うことができます。独立しながらも、すべての画像（レイヤー）がキャンバスに合成され表示されるので、紙と鉛筆のようなアナログ作業と同じような感覚で作業できます。

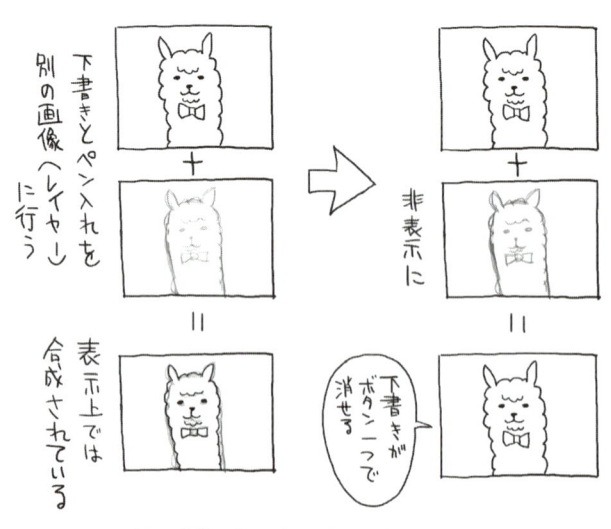

レイヤーを導入すれば、下書きを消す苦労がなくなる

レイヤーとは以下の図のような、画像を何枚もの層として管理できる**画像のリスト**です。

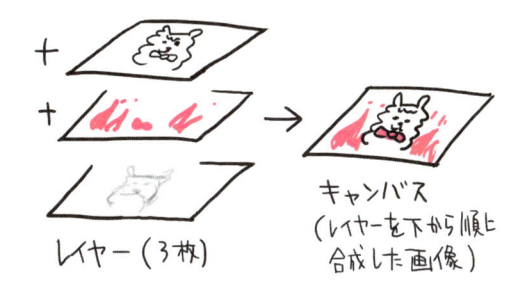

レイヤーの合成

初期状態は透明であり、何か描画されている部分だけがキャンバスに合成されます。前述のとおり、**レイヤーを下から順に合成**した画像を、本書では**キャンバス**と呼びます。レイヤーのキャンバスへの合成には、

- 合成モード（ブレンドモード）
- 不透明度

などのプロパティ（*Property*、属性）を用います。**半透明表現**を行いたいならレイヤーの不透明度を下げ、変わった効果を出したいなら**合成モード**（後述）を変化させればよいでしょう。

実際にキャンバスにレイヤーをどう合成していくのか、詳しく見ていきましょう。

キャンバスの背景色 ── 透明な背景は、市松模様で表示される

ペイントツールでは、キャンバスには**背景**というものが存在します。背景には、「**白**」などの**不透明な色で塗りつぶした背景**と、**透明な背景**があります。背景が透明な場合、透明部分はわかりやすく**市松模様**が敷き詰められ表示されています。以下の図を見ると、白背景だと白い点々（ゴ

ミなど)に気づけません。

透過PNGを作成する場合など、この市松模様のような形で透明部分を強調したり背景色を変えられたりするのは必須機能です。

市松模様の背景

さて、実際レイヤーはどのようにキャンバスに合成され、画面に表示されているのでしょうか。

実は、白背景と透明な背景の場合で、手順が変わってきます。レイヤーが2枚あるとして、白などの不透明色が背景の場合、以下のような流れになります。

❶白(背景色)で塗りつぶす
❷下のレイヤーを合成する
❸上のレイヤーを合成する(キャンバス＆表示画像の完成)

透明背景の場合、流れは以下のようになります。

❶透明で塗りつぶす
❷下のレイヤーを合成する
❸上のレイヤーを合成する(キャンバス画像の完成)
❹透明部分を市松模様で合成する(表示画像の完成)

ここでおもしろいのは、背景色が合成結果に影響することです。たとえば後述するスクリーンなら、赤いピクセルをスクリーン合成すると、白に合成しても白いままですが、透明に合成すると赤が合成されます。

以下の図は Photoshop での挙動です。背景が透明な場合、赤いピクセルは赤く表示されますが、背景が白い場合、合成しても白のままです。

　これはどういうことでしょうか。**レイヤーの合成モード**は、あくまで**「不透明な色」に対する合成**です。**スクリーンモード**とは、下のピクセルに対して**明るくなるように合成**する処理です。背景が**白**なら、**それ以上明るくなることはない**ので変化はありません。一方、背景が透明な場合は、合成モードは適用されないので**そのままの色で合成**されます。

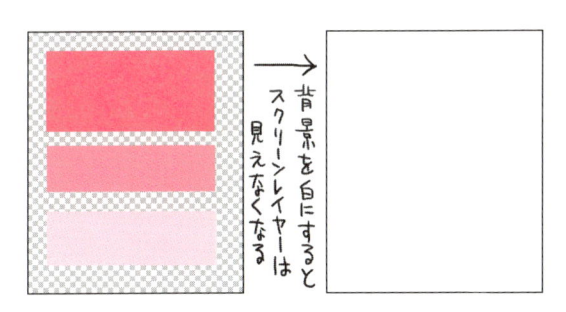

スクリーン合成の赤いレイヤーがある場合

合成モード（ブレンドモード）について

　次に**合成モード（ブレンドモード）**についてです。合成モードとは、通常、乗算、オーバーレイなどに、キャンバスに合成する際の演算を指します。ここでは代表的な合成モードについて見ていきます。たとえばレイヤーが2枚あり、一番下のレイヤーがキャンバスに合成済みだとして、2枚めの（上の）レイヤーがどのようにキャンバスに合成されるかを考えてみましょう。

　ここでは、**半透明は考慮しない**でおきます。Dest をキャンバスの色、Src をレイヤーの色としています[注1]。**Dest も Src も 0.0 から 1.0** の値を取るとします。**合成後の色**は Result とします。

注1　一般的に、入力画像をソース（*Source*、src）、出力画像をデスティネーション（*Destination*、Dest）と呼びます。

キャンバス(左)に、レイヤー(右)を合成する

通常

　通常(*Normal*)は、デフォルトの合成モードです。キャンバスを完全に覆うように合成を行います。下のレイヤーが何色だろうと、合成するレイヤーの色が表示されます。

式 `Result = Src;`

通常で合成

乗算

　乗算(*Multiply*)では、キャンバスの色と、合成するレイヤーの色を乗算(掛け算)した値が、キャンバスに描かれます。0.0から1.0の値同士を乗

算するのですから、合成後は基本的に暗くなります。

　この合成モードのおもしろい所は、通常合成とは違い、完全に上書きされるのではなく、キャンバスの画像と馴染むように合成されるところです。通常モードでは、レイヤーの赤い矩形が下のキャンバスを完全に覆っていますが、この乗算モードではアルパカの目や鼻が見えます。

　暗い部分(黒)は0.0であり、それ以上暗くなりようがありません。イラストを描く際に、線画レイヤーの上に**乗算レイヤーを新規作成**して彩色をすると、線画が隠れずに合成されるので、はみ出しなどを気にせずペタペタと気軽に作業できます。

```
式   Result = Dest * Src;
```

乗算で合成

加算 / 発光

　加算 / 発光（*Add/Emission*）は、キャンバスに、レイヤーの色を加算します。色を足すということは、明るくなるということです。合成後の色が1.0を超えることがあるので、その時は**1.0で飽和**させます。飽和が起こると、ハレーション（*Halation*、写真で強い光で白くぼやける現象）が起こったような効果が得られ、**強烈な光が差している**ように見えます。

```
式   Result = Dest + Src;
     if (Result > 1.0) Result = 1.0;
```

加算／発光で合成

スクリーン

　スクリーン（Screen）は、加算/発光のように明るくなる効果が得られますが、加算/発光よりはマイルドです。

　式の(1.0 - Dest) * (1.0 - Src)の部分は、DestやSrcが大きくなるほど0に近づきます。その値を1.0から引くのですから、DestやSrcが大きくなるほど1.0に収束していく（明るくなる）というわけです。乗算の逆バージョンと考えるとわかりやすいでしょう。

式　Result = 1.0 - (1.0 - Dest) * (1.0 - Src);

スクリーンで合成

オーバーレイ

オーバーレイ(*Overlay*)は、既に描画された部分の状態(Dest)によって変化するブレンドです。

どこかで見たような式が並んでいますね。Destが0.5未満(RGB値なら128未満)なら乗算に似た効果が得られ、0.5以上(128以上)ならスクリーンに似た効果が得られます。

```
if (Dest < 0.5)
{
  Result = 2.0 * Dest * Src;
}
else
{
  Result = 1.0 - 2.0 * (1.0 - Dest) * (1.0 - Src);
}
```

オーバーレイで合成

たとえば白と黒のグラデーションのレイヤーが下に、赤で塗りつぶされたレイヤーが上にあった場合、以下の図のように、(上のレイヤーが)「乗算」ではグラデーションの白い部分がなくなり、「スクリーン」では黒い部分がなくなります。一方、乗算とスクリーンのいいとこ取り的な「オーバーレイ」では、ベースのグラデーションが良い感じに残っています。不透明度で調整するとさらに良いでしょう。

乗算(左)、スクリーン(中央)、オーバーレイ(右)

* * *

　代表的な合成モードは以上です。ほかにもいろいろな合成モードがあります。さらに興味のある方は、「**レイヤー　計算式」で検索**すると参考になるサイトが見つかるでしょう。

Column

合成モードの互換性

　ペイントツールにはさまざまな合成モードが存在しています。ただ、各社(各自)別々にプログラムを実装しているため、まったく同じ合成結果を得られる、という保証はありません。とくに、特殊な合成モードや、半透明処理をした際の挙動は要注意です。レイヤー込みのPSDでデータを納品する際は、その点を気をつけると良いでしょう。

4.04

クリッピングとフォルダー

下のレイヤーの不透明な部分だけに
上のレイヤーを合成する

　CGツールを使っていると、よく見かけるクリッピングという処理があります。クリッピング処理とはキャンバスの合成時、下のレイヤーの不透明な部分だけに、上のレイヤーが合成されるというものです。

　クリッピング処理を行うと、イラストで髪の毛にハイライトや陰影を入れる際に、はみ出す心配がなく簡単に作業ができます。もちろん、「不透明度を保護する」オプションを有効にすれば同じようにはみ出さずに作業できますが、同じレイヤーに書き込むことになってしまうので、レイヤーを分けて作業するようなやり直しやすさはありません。レイヤーを分けられるクリッピングなら試行錯誤もしやすいです。

　ペイントツールでは当たり前のように実装されている、このクリッピング機能。どのようなしくみになっているのかを見ていきましょう。

クリッピング処理

クリッピング処理の実現

　レイヤー処理とは、キャンバスに対して下のレイヤーから上のレイヤーまで順番に合成していくものです。しかし、レイヤーをキャンバスに合成してしまっては、**下のレイヤーの不透明な所はわからなくなってし**まいます。そこで、**クリッピング処理**をする際は、**一度テンポラリ（一時的な）画像を経由**するようにします。

　以下の図のように、**一時的なクリッピング合成用の画像を用意**します。そこに対して、クリッピングの**ベース**となる**レイヤー1**を合成します。**レイヤー2**と**レイヤー3**は、**不透明度が変わらないように**その画像に合成を行います。すると、**レイヤー2**と**レイヤー3**は、**レイヤー1**の範囲にクリッピング合成されます。そして、そのクリッピング合成された画像をキャンバスに合成します。

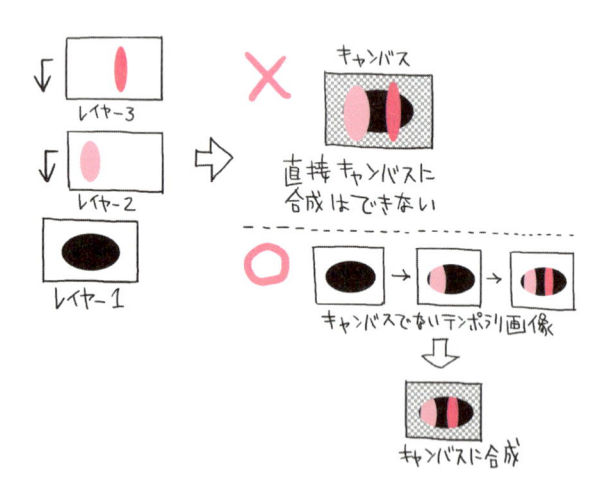

クリッピング合成のしくみ

レイヤーフォルダーと通過モード

　次に**レイヤーフォルダー**機能です。**レイヤーセット**とも言います。パ

ソコンでファイルをフォルダー(ディレクトリ)で管理するように、レイヤーを管理する機構です。

　以下の図では、「フォルダー1」というフォルダーに、「レイヤー1」「レイヤー2」が属しています。フォルダー1を非表示にすれば、レイヤー1/レイヤー2は見えなくなります。フォルダー1を移動ツールで上下左右に移動すれば、レイヤー1/レイヤー2も上下左右に移動します。(親の)フォルダーの操作に、(子の)レイヤーが連動します。

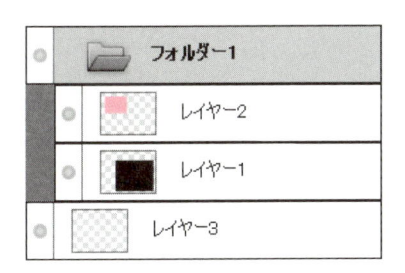

レイヤーをフォルダーとしてまとめる

　レイヤーと同様、レイヤーフォルダーにも合成モードがあります。レイヤーフォルダーに属しているレイヤーもクリッピング処理をした際と同様、一時的な画像バッファをに描画した後、キャンバスに合成されます。

　レイヤーフォルダーには「**通過**」という特別な合成モードがあります。レイヤーフォルダーが「通常」や「乗算」など、通過以外の一般的な合成モードの場合を示したのが右ページ上の図❶です。各レイヤーの合成モードを用いて一時的なテンポラリの画像バッファに合成されます。フォルダー内のレイヤーをすべて合成したら、その合成した画像を、フォルダーの合成モードを使ってキャンバスに合成されます。

　一方、**通過モード**は右ページの図❷のように、一時的な画像バッファに**合成されず**、レイヤーはレイヤーの合成モードを用いてそのままキャンバスに合成されます。

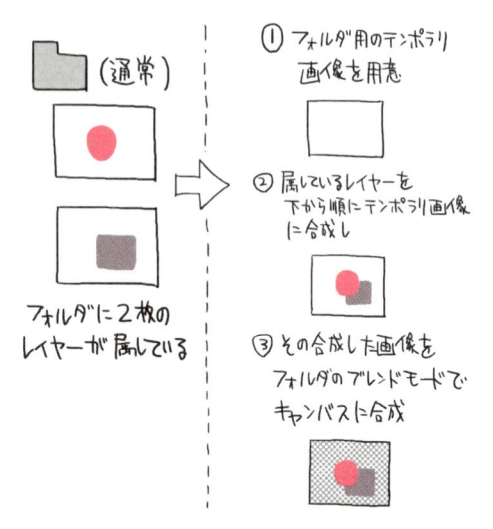

❶レイヤーフォルダーの処理（通過以外）

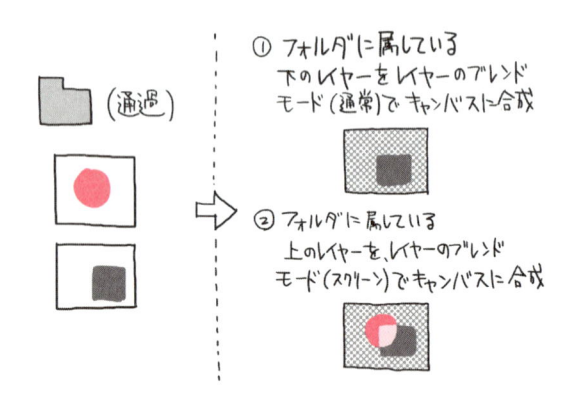

❷レイヤーフォルダーの処理（通過の場合）

　理論的には、一時的なバッファへの合成がない通過モードの方が処理は早くなるはずです。単純にレイヤーをグループにまとめたいだけなら、通過モードを使用すると良いでしょう。ただし、通過フォルダーの場合、下のレイヤーにクリッピング処理させることはできません。

4.05

計算を繰り返せば劣化する

デジタル処理ならではの劣化

　デジタル処理と言うと「複製しても劣化しない」というイメージがあり、画像の劣化とは無縁かのように思ってしまいがちです。

　確かにデジタル処理は複製には強いですが、計算精度の問題やサンプリングとフィルタリングの問題など、デジタル処理ならではの劣化が存在します。どのような問題なのか、見ていきましょう。

計算精度の問題 ——8 bit精度の限界

　コンピュータ上で一般的に用いられている色形式は、RGB各8 bitで表現されます。8 bitということは、0から255の256段階です。これは、ディスプレイ上で画像として表現するには十分な精度です。しかし、この8 bitという精度は計算を繰り返すのには向きません。

　たとえば、色を全体的に暗くしたいとします。RGBの各要素が色の明るさなので、各要素を小さくすれば暗くなります。ここでは、1/3の明るさにしましょう。そうすると、

[0] [1] [2] [3] [4] [5] [6] [7] [8] [9] [10] ….. [255]

という値は、

[0] [0] [0] [1] [1] [1] [2] [2] [2] [3] [3] …. [85]

という値になります。確かに画像全体が暗くなりました。しかし、ここで「やっぱり明るさを戻そう」と思ったとしましょう。1/3にしたのを戻すのですから、3倍にすれば良いわけです。すると、

[0] [0] [0] [3] [3] [3] [6] [6] [6] [9] [9] … [255]

という値になります。おっと、[1]や[2]や[4]や[5]はどこへ行ってしまったのでしょうか。これだけ中間値が失われると、グラデーション部分の滑らかさは大分失われてしまいます。このように、ちょっとした計算で精度は簡単に失われてしまいます。

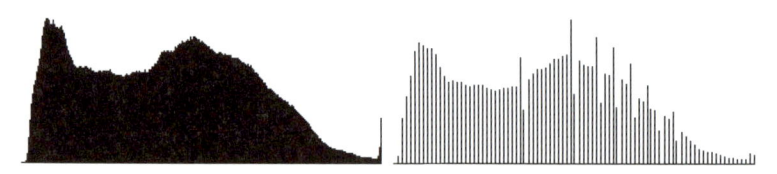

元の画像のヒストグラム(左)と、精度が失われたヒストグラム(右)

　また、エアブラシ処理でのおもしろい現象があります。以下の図の左図は、とあるペイントツールで100%の濃度のエアブラシを描画したものです。右図は、10%の濃度のエラブラシを10回描画したものです。処理を繰り返した右図はグラデーションの滑らかさが失われています。以上が8 bit精度の限界です。

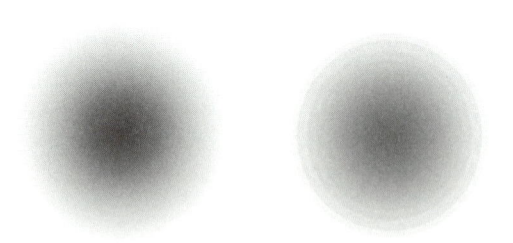

一度のエアブラシ(左)と、重ねたエアブラシ(右)

サンプリングとフィルタリングの問題

　また、ビットマップ画像の場合、画像を回転/拡大/縮小した際にも

画像は劣化します。

　以下の図は、楕円を少しずつバイリニアフィルタリングで縮小処理させていった様子です。一番左が元の楕円で、右に行くほど縮小処理を繰り返しています。だんだんエッジが甘くなっていることがわかります。

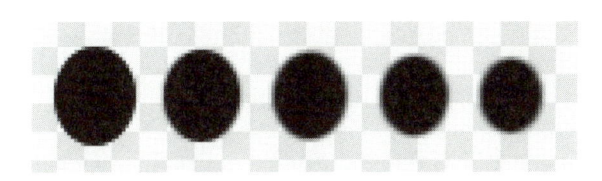

縮小を繰り返すと劣化する

　これは、縮小処理によって、1pxの情報が**複数ピクセルに分散される**ことで、それを繰り返すことによって徐々に輪郭がぼやけていくことに起因しています。

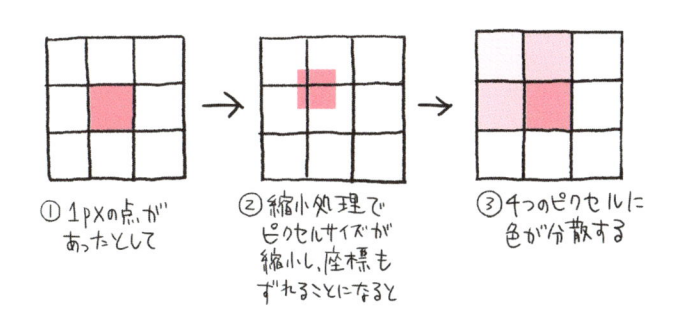

ピクセル情報が複数ピクセルに分散する

　このように、サンプリングとフィルタリングを繰り返すと、簡単に劣化が生じてしまいます。ですから、「変形」「拡大/縮小処理」「回転処理」は**何度も繰り返さない**ようにしましょう。

　ベクター形式で編集すれば、これらの劣化は起こらないので、用途に応じてツールや方式を検討しましょう。

4.06

RGB/CMYKとICCプロファイル
異なるデバイス間で、色を再現する

　今、あなたがパソコンのディスプレイを見ながら描いているデジタルイラスト。これをPNG形式などの画像として保存し、Twitterやブログで公開したとします。このイラストが、他の人のディスプレイやスマートフォンで同じように表示される保証はまったくありません。妙に鮮やかだったり、肌色の色味が全然違っていたりと様々です。

- パソコンのディスプレイで見たイラスト
- スマートフォンの画面で見たイラスト
- 家庭用のプリンタで印刷したイラスト
- 同人誌印刷所で印刷したポストカードやポスターのイラスト

　同じデータを用いて出力しても、色味が違ってきます。とくに液晶画面と印刷物との違いは顕著です。

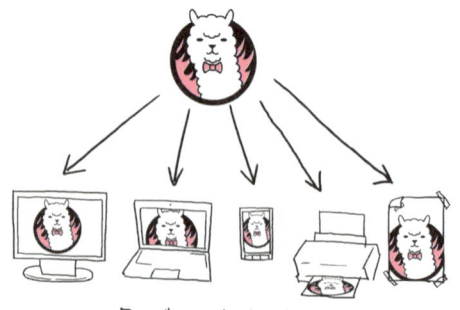

同じデータでも、出力先によって色味は違ってくる

いろいろなデバイスでの表現

デバイス依存の色情報

なぜ同じデータで出力しても色味が違ってくるのかと言うと、これまで扱ってきたRGB表現というものが、デバイス依存の表現だからです。つまり、あくまで今あなたが使っているパソコンやスマートフォンで、そのRGB値の時に、そう見えるというだけの値です。別の環境、別のデバイス(機器)で同じように見える保証はないということです。

「印刷するなら、CMYK形式で描けば問題ない」、そう聞いたことがある人もいるかもしれません。しかし、「とにかくCMYKなら問題ない」ということはありません。CMYK形式もデバイス依存の値です。CMYK形式を扱えるソフトウェアが、後述するICCプロファイルというものに対応しているから問題がないだけです。

ICCプロファイルとは?

デバイスに依存した色情報では、異なるデバイス間で同じ色を再現できません。そういった問題を解決する(異なるデバイスでも同じ色味を再現する)ものがカラーマネジメントシステム(CMS、*Color Management System*)というもので、ICCプロファイル(*International Color Consortium profile*)というしくみを用いて実現されます。

ICCプロファイルとは「デバイス依存の色表現(RGBやCMYK)を、デバイスに依存しない表記系(CIELABなど)に変換するための情報」のことです。いったん、デバイスに依存しない絶対的な(定量的に扱える)色情報に変換することで、デバイス間で同じ色が再現できるようになります。

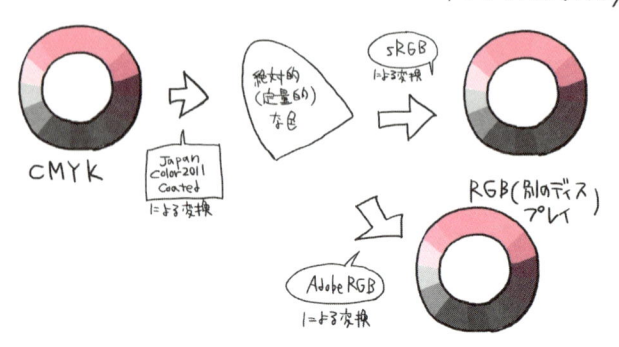

いったん絶対的な色情報に変換する

　しかし、「絶対的な色情報」とはどのようなことでしょうか。たとえば **CIELAB** という表現方法があります。CIELABは、**標準光源D50**下でどう見えるかという定量的に扱える値であり、デバイスに依存しない、誰にとっても同じ色を表した表現が可能になります。

ICCプロファイルを使って運用する

　さて、ICCプロファイルとは具体的にどのように運用されるものでしょうか。たとえば、「**Japan Color 2011 Coated**」というICCプロファイルがあります。このプロファイルにより、「CMYKからCIELAB」「CIELABからCMYK」という変換が可能になります。

　画像編集ソフトウェアで、CMYKデータをJapan Color 2011 Coated（ICCプロファイル）を使って編集するとします。画像編集は、**CMYK形式を保ったまま行えばいいのですが、問題はCMYK形式の画像をどのようにしてディスプレイに表示するか**です。

　以下の図のように、CMYK形式がICCプロファイルによってCIELAB形式に変換されて、そこからディスプレイのICCプロファイル（sRGBやAdobe RGB）を用いてディスプレイで表示できるRGB形式に変換されます。あくまで、**編集するデータはCMYK形式のままで**、ディスプレイに**表示をするためにICCプロファイルが使われます**。

ここでディスプレイに表示される画像は、「Japan Color 2011 Coatedで調整された印刷機で印刷したら、大体このように出力される」というシミュレーション結果です。ICCプロファイルが「Japan Standard v2」なら、「Japan Standard v2で調整された印刷機で印刷したら、大体このように出力される」わけです。以下のような流れになります。

❶入稿するユーザは、CMYKカラーを「Japan Color 2011 Coated」で調整された印刷機で出力したらどうなるかを、自宅のディスプレイで確認する

❷印刷所は、「Japan Color 2011 Coated」で調整されたCMYKデータが、印刷機で正しく出力されるように印刷機を調整する（テストチャートを印刷し、分光光度計で計測するなど）

画素、表色系、色空間

ここでいったん、用語を整理しましょう。まず、画像の要素、画素（*Image pixel*、*Pixel*）があります。たとえば、RGBやCMYK表現です。このRGBやCMYKの値はデバイスに依存した色表現なので、他のデバイスでどう見えるかという保証ができません。

そこで必要なのが、表色系（*Color system*）というものです。CIELAB表色系、XYZ表色系、マンセル表色系などの種類があり、これらは環境やデバイスに依存しない、定量的に扱える絶対的な色表現になります。

最後に、色空間（*Color space*）です。色空間とはどれだけの色を表現できるか（色域/*gamut*）を表したものです。Japan Color 2011 Coated、Adobe RGB、sRGBなどです。

色空間ごとに、どれだけの色域があるかは異なります。ディスプレイで用いられるsRGBやAdobe RGBと、印刷で用いられるJapan Color 2011 Coatedでは色域が大きく異なるので、コンピュータで印刷物を作る際は注意が必要です。

ICCプロファイルがあれば何でもOK？ ──印刷所推奨のもので作業すべき

「ICCプロファイルにより、絶対的な色空間（CIELAB）に変換する」ということは、とにかく、CMYK形式のデータを扱う際に、何かしらICCプロファイルを指定しておけば良いのでしょうか。理論的には、それで良さそうな気がします。

　残念ながら、そうではありません。印刷所の推奨するICCプロファイルを使って作業をすべきです。

　たとえば、Japan Color 2011 Coatedというプロファイルは、日本の印刷機で標準的に用いられるICCプロファイルです。このプロファイルを使って作業すれば、クリエイターも印刷所も、データ（画素の値）を変換する必要がなく、同じCMYK形式のデータを開いて作業できます。

　しかし、印刷所のプロファイルと入稿したデータのプロファイルが一致しない場合、以下の図のようにPhotoshopでは警告が出ます。もし「ドキュメントのカラーを作業スペースに変換」を選んでしまうと、CMYK→CIELAB→CMYKというデータ変換が行われ、色が変化する可能性があります。

　以上の理由から、CMYKデータを入稿する場合は、最初から印刷所と同じICCプロファイルを使って作業をすべきでしょう。

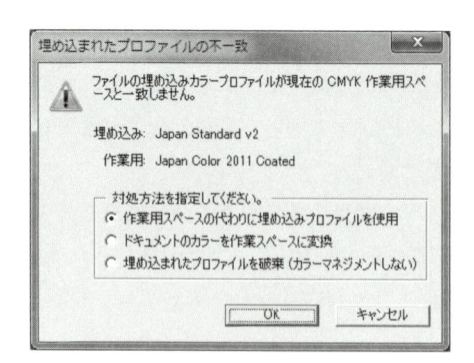

PhotoshopでのICCプロファイルの不一致

Column

データ圧縮

ファイルサイズを小さくしたい

　以下の図のような国旗の画像があります。この画像を24 bitのRGB形式でピクセル表現した場合、メモリ上のデータは(206, 17, 38)が何度も繰り返し現れ（画像の上半分）、その後(255, 255, 255)が何度も繰り返されます（画像の下半分）。

　この(206, 17, 38)と(255, 255, 255)がひたすら繰り返されるデータを、ファイルとして保存するのは何だかもったいない気がします。無駄を省いてファイルを小さくできないものでしょうか。そんな願いを叶えるのが**データ圧縮**（*Data compression*）という技法です。

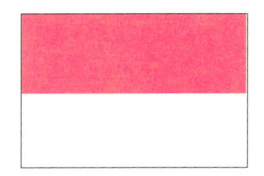

インドネシアの国旗

ランレングス法とPackbits法

　ランレングス法（*Run Length Encoding*、RLE）というデータ圧縮法があります。これは、「データの続く回数」「続くデータ」というセットでデータを記述していくものです。以下の図のようなデータなら「6回」「(206, 17, 38)のデータが続く」という表現になります[注2]。

注2　一般的には、「続くデータ」は1バイトの情報ですが、ここではRGB値を扱いたかったので、特別に3バイトにしています。

[図: ランレングス法の例]

ランレングス法

　ランレングス法にも問題があります。**変化の多い情報**の場合、**元のデータよりサイズが大きくなってしまう**からです。たとえば、$(0, 0, 0)(1, 1, 1)(2, 2, 2)(3, 3, 3)$ という滑らかに変化する画像があった場合、以下の図のようにサイズが大きくなってしまいます。

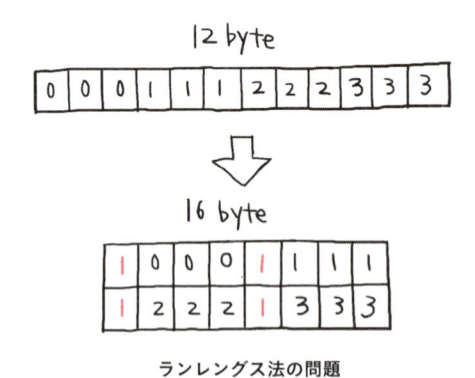

[図: ランレングス法の問題]

ランレングス法の問題

　そういった問題を改善するのが **Packbits法** という方法です。これは「**どれだけ続かないか**」という情報を持たせることで、「1回だけ続く」という情報が何度も出てこないようにできます。**どれだけ続くか**という情

報は**1バイトの値**なので、0から255で表現されます。現実的にはあまり長く続くことはないので、たとえば128以上の値を「どれだけ続かないか」という情報に割り当てます。たとえば、

> 1：1回だけのデータ
> 2：2回　同じデータが続く
> 3：3回　同じデータが続く
> <中略>
> 253：4回違うデータが続く
> 254：3回違うデータが続く
> 255：2回違うデータが続く

などと割り当てれば、ランレングス法よりデータを小さくできます。前出の図のようなデータなら、以下の図のように表現できます。3バイト分、データが小さくなっています。

Packbits法

圧縮されたデータを元に戻すことを、**展開**（*Expansion*）や**復元**（*Decompression*）と言います。

圧縮と展開

辞書式圧縮法、ハフマン符号化、Deflateアルゴリズム

　ランレングス法は、非常に単純でわかりやすい圧縮法です。ですが、単純なだけに、少しでも複雑なデータになると、まったく圧縮できなくなってしまいます。たとえば、[0, 25, 0, 25, 0, 25, 0, 25] という数列が続いたら、普通に考えれば**無駄が多く圧縮できそう**なデータに見えますが、ランレングス法やPackbits法では**まったく圧縮できません**(かえってサイズが大きくなります)。

　そういった同じパターンが繰り返される場合に有効なのが**辞書式圧縮法**(*Dictionary compression*)です。データ列に同じパターンが出てきた時に、**以前出てきたパターンを手がかりに展開**できるようにします。残念ながら、ランレングス法やPackbits法に比べて複雑なので、詳しく知りたい方は参考書等をご参照ください[注3]。

辞書式圧縮法

　また、**ハフマン符号化**(*Huffman coding*)というものがあります。情報はbyte単位(8 bit単位)で表現しなければいけない**ということはありません**。bit単位の情報をインデックスとして、データ列を作り上げることができます。たとえば、

A, B, A, A, B, C, A, A, A, B, A, A

という12 byteのデータがあったとします。このA、B、Cの値をそれぞれ、

注3　たとえば、『データ圧縮ハンドブック―マルチメディアデータ圧縮の実践的プログラミング技法』(Mark Nelson/ Jean-Loup Gailly 著、荻原剛志/山口英訳、改訂第2版、ピアソンエデュケーション、2000)は参考になるでしょう。

- 0（2進数）：A
- 10（2進数）：B
- 11（2進数）：C

という2進数の1～2 bitのインデックスに対応させると、

`0 10 0 0 10 11 0 0 0 10 0`

という16 bit（2 byte）の値で表現することができます。出現頻度の多い値（ここではA）に短い符号（ここでは0）を結び付けることで、全体の情報量を減らすことができます。このような**符号化のアリゴリズムの一つが****ハフマン符号化**です。

　Deflateという、PNG圧縮で使われている圧縮アルゴリズムは**辞書式圧縮とハフマン符号化を組み合わせたもの**です。Deflateは「zlib」というライブラリとして公開[注4]されていて、誰でも自由に使えるようになっています。FireAlpacaの標準ファイル形式（MDP）でも画像圧縮にDeflateを使用しています。

可逆圧縮と不可逆圧縮

　先述のランレングス法や辞書式圧縮法は**可逆圧縮**（*Lossless data compression*）です。元データと、圧縮後に展開したデータに変化はありません。普通に考えてデータが変わってしまったら困りますから、当然ですね。

　一方、**不可逆圧縮**（非可逆圧縮、*Lossy compression*）という考え方もあります。**微妙に変化しても問題ない**ようなデータを圧縮したい場合に有効です。画像や音声などは、微妙に変化があってもなかなか気づけません。

　不可逆圧縮は、可逆圧縮に比べて圧倒的にデータが小さくなります。**微妙な変化を許すことで、圧倒的な圧縮率を実現します。**

注4　URL http://www.zlib.net/

可逆圧縮と不可逆圧縮

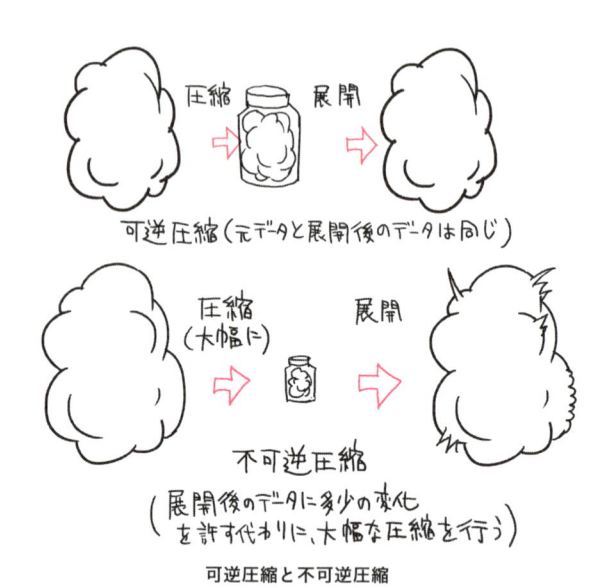

DCT（離散コサイン変換） ——JPEG圧縮の要

　たとえばJPEG形式の画像データは不可逆圧縮です。p.84で触れたYCbCr表現による圧縮の他、**DCT**（*Discrete Cosine Transform*、**離散コサイン変換**）という処理により、不可逆圧縮を実現しています。

　[1, 2, 3, 4, 5, 6, 5, 4] という数列があったとします。この数列は、

```
1 * [1, 0, 0, 0, 0, 0, 0, 0] +
2 * [0, 1, 0, 0, 0, 0, 0, 0] +
3 * [0, 0, 1, 0, 0, 0, 0, 0] +
4 * [0, 0, 0, 1, 0, 0, 0, 0] +
5 * [0, 0, 0, 0, 1, 0, 0, 0] +
6 * [0, 0, 0, 0, 0, 1, 0, 0] +
5 * [0, 0, 0, 0, 0, 0, 1, 0] +
4 * [0, 0, 0, 0, 0, 0, 0, 1] +
```

という、**8個の数列に係数を掛けたものを足し合わせたもの**と考えることができます。「元の数列より、情報が増えてない？」と思われるかもしれませんが、**係数に掛ける数列は固定**なので、**実質、情報は8つの係数**

だけです。

　この、**8つの係数**と足し合わせる元の**8つの数列**の組み合わせは、いろいろなパターンを作ることができます。たとえば、

```
 10.60 * [0.35,  0.35,  0.35,  0.35,  0.35,  0.35,  0.35,  0.35] +
 -3.65 * [0.49,  0.42,  0.28,  0.10, -0.10, -0.28, -0.42, -0.49] +
 -2.23 * [0.46,  0.19, -0.19, -0.46, -0.46, -0.19,  0.19,  0.46 ] +
  0.79 * [0.42, -0.10, -0.49, -0.28,  0.28,  0.49,  0.10, -0.42 ] +
 -0.71 * [0.35, -0.35, -0.35,  0.35,  0.35, -0.35, -0.35,  0.35 ] +
 -0.07 * [0.28, -0.49,  0.10,  0.42, -0.42, -0.10,  0.49, -0.28 ] +
  0.16 * [0.19, -0.46,  0.46, -0.19, -0.19,  0.46, -0.46,  0.19 ] +
 -0.22 * [0.10, -0.28,  0.42, -0.49,  0.49, -0.42,  0.28, -0.10 ]
```

というパターンです（紙面の都合で、小数点2桁で丸めています）。この一見めちゃくちゃに見える8つの数列が、DCTで用いられる、いわゆる**基底関数という数列**（**ベクトル**）になります。

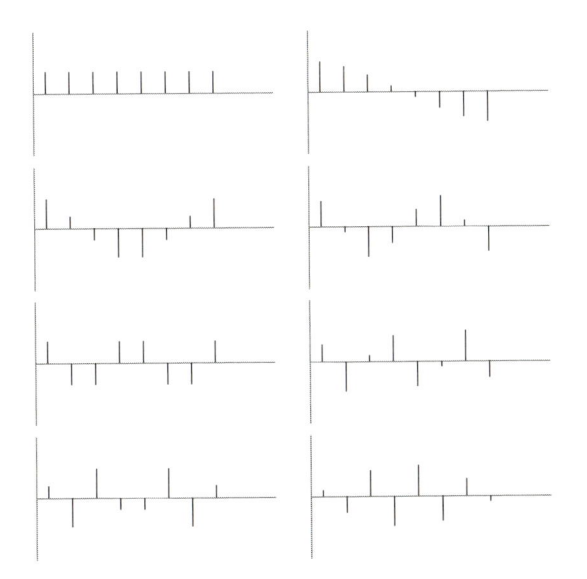

DCTの8つの基底

　以下の図を見てわかるように、このDCTの基底関数となる数列は、滑らかな変化（低周波）を持つ数列から、だんだん激しい変化（高周波）を持

つ数列に変化しています。**これら8つの基底関数に係数を掛けて（何倍かにして）足し合わせると、元の数列が復元できる**、というわけです。

　先ほどの数列の足し合わせを、もう一度見てみてください。高周波になるにつれ、**係数が徐々に小さくなっている**ことがわかります。**係数が小さい**ということは**影響が少ない**ということです。試しに、**下の3つの数列の係数を0**にして足し合わせてみましょう。すると、

```
[1.01, 1.98, 3.02, 3.95, 5.11, 5.83, 5.17, 3.92 ]
```

という数列が復元されます。8つのうち3つの情報が失われているのに、**元の数列にかなり近い数値**が得られていることがわかります。画像や音声も概ねこのように高周波成分の係数が小さくなるので、高周波成分を端折るなどしてデータを圧縮します。

　JPEGはこのDCTを2次元（縦と横、2次元の基底関数）に拡張したものを使っています。8×8px単位のブロックで処理をして、8×8(px)の基底関数を64回足してブロックを復元しています。

DCTのソースコード

　最後に、先ほどの数列をDCT処理するソースコードを以下に示します。v[N]に数値を入れ替えてみると、a[N]に係数を取得し、v2[N]に復元されます。

```
const int N = 8;

// DCT処理したい数列[1, 2, 3, 4, 5, 6, 5, 4]
double v[N];
v[0] = 1; v[1] = 2;
v[2] = 3; v[3] = 4;
v[4] = 5; v[5] = 6;
v[6] = 5; v[7] = 4;

// DCTの基底関数を求める
double dct[N][N];
for (int i=0; i<N; i++)
{
```

```cpp
  for (int j=0; j<N; j++)
  {
    double p = (M_PI / N) * (0.5 + j) * i;
    dct[i][j] = std::cos(p);
  }
}

// 正規化（基底関数の大きさを1.0に）
for (int i=0; i<N; i++)
{
  double n = 0;
  for (int j=0; j<N; j++)
  {
    n += (dct[i][j] * dct[i][j]);
  }

  double m = 1.0 / std::sqrt(n);
  for (int j=0; j<N; j++)
  {
    dct[i][j] *= m;
  }
}

// 係数取得（数列と基底関数の内積が係数）
double a[N];
for (int i=0; i<N; i++)
{
  double sum = 0;
  for (int j=0; j<N; j++)
  {
    sum += dct[i][j] * v[j];
  }
  a[i] = sum;
}

// 8つの係数と8つの基底関数を足し合わせて、数列を復元
double v2[N];
for (int i=0; i<N; i++) v2[i] = 0;

for (int i=0; i<N; i++)
{
  for (int j=0; j<N; j++)
  {
    v2[j] += dct[i][j] * a[i];
  }
}
```

索引

記号／数字

//	52
;(セミコロン)	52
++	71
%	159
θ度	157
μ(ミュー)	188
σ(シグマ)	188
1.44MB	18
16 bitカラー(16 bit／チャンネル)	78
16近傍	150
128kB	18
2DCG	6
2Dグラフィックツール	6
2進数	17
250kB	18
256MB	18
3DCG	6
32 bitレイヤー	75
4GB	18
4近傍	148
650MB	18
8 bit(不透明度のみ)	79
8 bit精度	217
8BPS(PSD形式)	41
8GB	18
8MB	18

アルファベット

A(Alpha)	21
Adobe RGB	vii, 222, 223
Adobe Systems	6
Alfons Maria Mucha(アルフォンス・ミュシャ)	117
Android	10, 14, 200
API	vii, 4, 10
APNG	44
ARGB	21, 75
ARGBカラー	77
AzPainter2	9
Bit Block Transfer	91
BitBlt	91
BM(BMP形式)	41
BMP(形式)	vii, 41, 43
C++	vii
C言語	vii, 50
CbCr	84
CD-R	18
CG	6
CIELAB	vii, 221, 224
CIELAB表色系	223
circle(SVG)	34
CLIP STUDIO PAINT	9, 42, 46
CMS →カラーマネジメントシステム参照	
CMYK	vii, 220, 222, 224
ComicStudio	9
CorelDRAW	8
Cos/cos	104, 162
CPU	vii, 12, 19, 62, 74
D50	222
D65	83
DCT	230
Deflate	229
Deflateアルゴリズム	228
double	vii, 52
dpi	vii, 14, 47
DTPツール	7
DVI	23
E値	81
EPS	45
Expression	8
Fanfare Photographer	7
FD(Floppy Disk)	18
FireAlpaca	9, 42, 46, 75, 183, 229
Flash	8
FLOAT(32 bit浮動小数)	52
floor	160
for文	23, 57, 71
fwrite	62
G(Giga、ギガ)	vii, 18
GIF	43
GIMP	7
GPU	vii, 12, 184
HALF(16 bit浮動小数)	81
HDD	vii, 18, 29, 62, 197
HDMI	23
HDR	vii, 81
HDRI	81
HTML	33
ICCプロファイル	vii, 220, 224
IDE →統合開発環境参照	
if	55
Illustrator	8
ILM	81
InDesign	8
Inkscape	8
int	vii, 52
iOS	10, 184, 200
Japan Color 2011 Coated	223, 224
Japan Standard v2	223
JPEG(形式)	vii, 44, 137
k(kilo、キロ)	vii, 18
L1キャッシュ	74
LZW	43
M(Mega、メガ)	vii, 18
Mac OS(Mac)	10, 30
MacDraw	8
MacPaint	8
Mbps	19
MDP	46, 229
MediBang Paint Pro	183
MediBang Paint	9
MNG	44
MPEG	84
ms(ミリ秒)	142
NekoPaint Cute	183
NekoPaint	9
On荷重	viii, 37
openCanvas	9
OpenEXR	80
OS	10, 62
PackBits法	viii, 226
PageMaker	8
Paint Shop	7
PAINT.NET	7
Painter	9
Pascal	53
Photoshop	viii, 6, 7, 9, 45, 224
PlayStation 3	184
PlayStation 4	18
PNG(形式)	viii, 44
PostScript	viii, 35, 45
PSD(形式)	viii, 41, 45
pt	viii
Qt/QtCreator	183
QuarkXPress	8
rad	157
Radiance	80
rect(SVG)	34
return	54
RGB	220
RGBA →ARGB参照	
RGBカラー(16 bit)	76
RGBカラー(24 bit)	76
RGB値(Radiance形式)	81
RLE	225
SAI(ファイル形式)	46
SAI	9, 42, 46
SDカード	18
Second Reality	156
Sin/sin	104, 162
SmartSketch	8
sRGB	viii, 222, 223
SSD	viii, 29, 62
SVG(形式)	viii, 33, 46
T(Tera、テラ)	18
Tablet PC	8, 39

TIFF 45	可逆圧縮 .... viii, 229	構造体 57
torne 184	拡大 134	交点 114, 165
UINT(32 bit整数) 81	拡大（綺麗に） 138	コード 50
USB 23	確保 200	コメント 52
VGA 32	確率密度 187	コラージュ 89
void 54	確率密度関数 viii	コンピュータ 2, 23, 62
VRAM 12	加算（合成） .... viii, 104, 209	～で絵を描く手順 203
W3C 46	画素 223	～の処理 24
waifu2x 137	画像 10, 20, 23, 64	最近傍補間法 147
Webブラウザ 33	画像解像度 13, 47	座標指定 96
Windows 10, 30, 43, 91, 184	画像バッファ 90, 215	サブピクセル 106
Wintab 8, 39	画像ファイル 40	三角形 109, 114
XML 33, 46	画像フォーマット 40, 42	サンプリング .... ix, 138, 146
XYZ表色系 223	画像編集ツール 6	色域 223
YCbCr 84, 230	仮想メモリ（仮想記憶）... viii, 31	式差 84
Z's STAFF 8	型 viii	磁気テープ 35
zlib 229	画面解像度 14	辞書式圧縮法 228
	画面表示 196	シード 193
かな	カラーキー転送 93	シードフィル .... ix, 192
	カラーフィルタ 169	ジャギ .... ix, 93
アクセス違反 .... viii, 27, 61	カラーマネジメント 6	自由変形 ix
アクトレイザー 156	カラーマネジメントシステム	縮小 134, 138
圧縮 →データ圧縮参照	.... viii, 221	～処理の負荷 142
アドレス 26, 65	関数 51, 53, 69	縮小（綺麗に） 138
アニメーションGIF 43	ガンマ値 ix	条件式 55
アプリケーション 3	ガンマ補正 169, 173	乗算（合成） .... ix, 104, 208
網戸 139	記憶装置 18	情報量 15
アルゴリズム 4	基底関数 231	剰余 158, 159
アールヌーヴォー 117	輝度 84, 169	除算 104
アルファ viii	キャッシュ（キャッシュメモリ）	処理の負荷 3
アルファ値 44, 94	.... ix, 74	白黒漫画 79
アルファブレンディング... 85, 150	キャンバス 3, 197	真円 117
アンチエイリアシング... viii, 2,	曲線 117, 125	錐体細胞 82
99, 101, 198	～の補間 120	スキャン 126
安定した作業環境 3	矩形 .... ix, 70	スクリーン（合成） .... ix, 210
市松模様 3, 205	クラウド 9	図形描画 198
異方性 145	グラデーション 128	スタイラス ix
異方性フィルタリング 145	グラフィックスアーキテクチャ 10	スーパーサンプリング... 106, 116
色空間 223	グラフィックス機構 10	スペクトル 83
色深度 76	グラフィックスツール 2	スマートフォン 9, 10, 13
色味 220	繰り返し処理 51, 56, 60	すりガラス効果 184
インデックス（添字） 53	クリッピング .... ix, 199, 213	正規分布 .... viii, 187
インデックスカラー... viii, 21, 77	クリッピング処理 214	ゼロ除算 .... ix, 61
エアブラシ 218	グレースケール .... ix, 79	線形グラデーション 130
エラー 28, 62	計算 24	線形補間 ix
円 103	計算誤差 .... ix, 78	線数 ix
円形グラデーション 129	計算処理 51	選択範囲 128
落ちた 59	計算精度 217	先頭アドレス 66, 67
オーバーレイ（合成） ... viii, 211	減算 104	専用画像フォーマット... 42, 46
外積 109	交差 126	ソースコード 50
解像度 13, 47	合成（画像） 89, 90	台形 167
回転 156	合成（レイヤー） 203	ダイナミックレンジ 81
ガウス分布 .... viii, 187	合成色 86	代入 51
ガウスぼかし 184, 187	合成モード 6, 207	タイル 158, 202

多角形		125
タグ		33
チャンネル		ix, 81
抽象化		12
直線		95
〜の補間		119
通過		215
通常（合成）		ix, 208
続くデータ		225
ディスク容量		62
テキスト形式		50
デジタル画像		2
データ圧縮		225
データ転送量		19
データの品質		2
デバイス		220, 221
手ぶれ補正		49
点		64
展開		227
転送		134
電波		35
テンポラリ		214
点を打つ		96
透過PNG		77
統合開発環境		183
透明度		85
透明な画像		64
ドット		ix
ドット絵		21, 89
ドライバ		ix, 39
ドラゴンクエストIII		18
ドローツール		7
トーン		8
トーンマッピング		81
内積		113
斜めの線		95, 97
ニアレストネイバー		ix, 144, 147
バイキュービック補間		ix
背景色		205
ハイダイナミックレンジ		80
バイト		ix, 17
バイリニアフィルタリング		ix, 149, 198
バイリニア補間		148
配列		ix, 53
バグった		59
バケツツール		192
バケツ塗りつぶし		192
パソコン		9, 10, 23
発光（合成）		viii, 209
ハードウェアアクセラレーション		10
ハフマン符号化		x, 228
パラメータ		69, 119
ハレーション		209
パレット		77
半透明		85, 87
盤面		38
比較演算子		56
引数		69
ピクセル		x, 2, 20, 64
ピクセル形式		11, 21, 75
ピクセル情報		23
ピクセル数		47
ピクセルの格子		138
ヒストグラム		169
筆圧		37
筆圧レベル		38
ビット		x, 15
ビットマップ（方式）		x, 32, 46, 218
ビデオメモリ（VRAM）		x
被覆率		115, 116, 140
表色系		223
標準光源		222
ファイル形式		2
ファイルサイズ		18, 225
ファイルヘッダ		40
フィルタ		x, 7
フィルタリング		146, 147
フォルダー		199, 213, 215
不可逆圧縮		x, 229
負荷の高い処理		104
復元		227
物理サイズ指定		47
不透明度		21, 22, 85, 86, 99, 175, 178
〜のパラメータ		94
不透明な部分		200
ブラー		x, 184
プラグイン		174
ブラシストローク		103, 197
フラッドフィル		ix, 192
フルHD		18, 32, 198
ブレンド		x
ブレンドモード		→合成モード参照
プログラマ		59
プログラミング言語		x, 50
プログラム		10, 50
ブロックノイズ		x, 44
分岐処理		55
分光反射率		82
分光分布		x
平均色		139, 175, 184
平方根		104
ペイントツール		8, 75
〜の設計		196
ベクター（方式）		x, 33, 46
ベクターデータ		7
ベクトル		109, 231
ベジェ曲線		x, 117, 119, 120
変形		164
ペン先		38
変数		51
ペンタブレット		8, 37
ぼかし処理		184
ぼかしフィルタ		184
ボタンのサイズを決める		14
マスク		128
マットシート		39
マッピング		171
丸		103
マルチスペクトル		x, 82, 83
マルチペイント		8
マンセル表色系		223
ミップマップ		x, 142, 143
無圧縮ARGB		18
無限ループ		60
メモリ（RAM）		x
メモリ		3, 12, 18, 23, 29
〜が足りない		60
〜の解放		27
〜の確保		25
〜の使用量		79
〜の容量を確認		30
メモリ保護		62
メモリ容量		18
モザイク		175
モーションブラー		184
モスキートノイズ		x, 44
戻り値		54
モバイル		9, 13
歪み		167
ライン		64, 201
ラジアルブラー		184
ラジアン		157
ラスター（走査線）		x, 35
ラスタライズ		x, 35
ランダム		188
ランレングス法		x, 225
リップマップ		x, 145
ループ処理		60
ルックアップテーブル		172
例外		x, 28, 62
レイヤー		x, 3, 197, 204
レイヤー処理		214
レイヤーセット		→レイヤーフォルダー参照
レイヤーフォルダー		x, 214
劣化		217
レベル補正		169, 171
レンジ		80
ローレベル		11
ワコム		x

あとがき

　こんなことをあとがきに書いてしまうのもどうかとは思うのですが、「おもしろい本が書けた！」と、本書の仕上がりには大変満足しています。人生の大半をプログラマとして過ごし、そのほとんどをグラフィックス処理に費やしてきた著者としての集大成とも言えます。2Dグラフィックス、2DCG技術の大切な部分を凝縮できたのではないでしょうか。

　本書のレビューをして頂いている際に、「読者対象がわからない」という意見を頂きました。そう言いたくなる気持ちもわかります。でも、自分は「こういう本がおもしろいに違いない」という確信を持っています。

　2Dグラフィックスに関する最高におもしろい部分を凝縮して、十分わかりやすく解説すれば、誰でも（前知識がほとんどなくても）一気に知識を積み重ねられ、プロ並に詳しくなれることができるのではないか……そう思いながら執筆しました。グラフィックスへの興味が十分にある方が、じっくり読み進めれば、これぐらいの内容はするすると頭に入ると信じています。

　これは挑戦だと思っています。上手く伝えることができたのか、不安でもあり、楽しみでもあります。ポジティブな意見でもネガティブな意見でも、感想をお寄せ頂けると嬉しいです。

　最後に、本書を執筆するきっかけを作って頂いた、渡辺 訓章さん（@k_u　susami.co.jp/kuni/）に感謝致します。

著者について
FireAlpaca（ファイアアルパカ）
開発チーム

2011年11月、Windows/Mac両対応のペイントツールFireAlpacaをリリース。2015年、㈱MediBangより公開されたMediBang Paint Pro（Windows/Mac用）、MediBang Paint Tablet（Android/iOS用）にペイントエンジンを提供。
- 公式サイト：http://firealpaca.com/
- Twitter：@firealpaca

[参考]本書内図版の制作環境データ
（いずれも概要）

ソフトウェア：
- OS：Windows（64 bit）
- ペイントツール：FireAlpaca
  ※印刷用データはPhotoshopで調整

ハードウェア：
- プロセッサ：Intel Core i3 540（3.07GHz）
- メインメモリ：4.00GB
- 補助記憶装置：Intel SSD（120GB）
- ディスプレイ：FlexScan S170（EIZO）＋ProLite E1706S（iiyama）
- タブレット：Intuos3 PTZ-431W
- カメラ：SONY DSC-RX100、SIGMA DP2x

装丁・本文デザイン	西岡 裕二
レイアウト	高瀬 美恵子（技術評論社）
本文図版	FireAlpaca 開発チーム

WEB+DB PRESS plus シリーズ
2Dグラフィックスのしくみ
図解でよくわかる画像処理技術のセオリー

2015年9月15日　初版　第1刷発行

著者	FireAlpaca 開発チーム
発行者	片岡 巌
発行所	株式会社技術評論社 東京都新宿区市谷左内町21-13 電話　03-3513-6150　販売促進部 　　　03-3513-6175　雑誌編集部
印刷／製本	昭和情報プロセス株式会社

- 定価はカバーに表示してあります。
- 本書の一部または全部を著作権法の定める範囲を超え、無断で複写、複製、転載、あるいはファイルに落とすことを禁じます。
- 造本には細心の注意を払っておりますが、万一、乱丁（ページの乱れ）や落丁（ページの抜け）がございましたら、小社販売促進部までお送りください。送料小社負担にてお取り替えいたします。

©FireAlpaca 開発チーム
ISBN 978-4-7741-7558-4 C3055
Printed in Japan

●お問い合わせ

本書に関するご質問は記載内容についてのみとさせていただきます。本書の内容以外のご質問には一切応じられませんので、あらかじめご了承ください。なお、お電話でのご質問は受け付けておりませんので、書面またはFAX、小社Webサイトのお問い合わせフォームをご利用ください。

〒162-0846
東京都新宿区市谷左内町21-13
株式会社技術評論社
『2Dグラフィックスのしくみ』係
FAX 03-3513-6173
URL http://gihyo.jp/（技術評論社Webサイト）

ご質問の際にいただいた個人情報は回答以外の目的に使用することはありません。使用後は速やかに個人情報を廃棄します。